Android
スマートフォン
便利すぎる!
テクニック
2023-2024

CONTENTS

SECTION 3 ネットの快適技

SECTION 4 写真・音楽・動画

SECTION 5 仕事効率化

SECTION 6 設定とカスタマイズ

SECTION 7 生活お役立ち技

SECTION 8 トラブル解決とメンテナンス

あなたのスマホが
もっと便利に
もっと快適になる
技あり操作と正しい設定
ベストなアプリが満載!

いつでも手元に用意してSNSやゲーム、動画や音楽を楽しんだり、

時には仕事道具としても活躍するスマートフォン。

しかし、本来のパワフルな実力を最大限に引き出すには、

Androidの隠れた便利機能や自分に最適な設定、

効率的な操作法、ベストなアプリを知ることが大事。

本書では、自分のスマホをもっと幅広い用途に活用したいユーザーへ向けて

239の最新テクニックを紹介。日々の使い方を劇的に変える1冊になるはずだ。

はじめにお読みください
◎本書の記事は2023年8月の情報を元に作成しています。
Androidのバージョンは13を使用しています。本書は、できる限り多くの機種に対応した内容を
目指して作成していますが、Androidスマートフォンの性質上、お使いの機種や通信キャリア、Androidのバージョンによっては、
機能およびメニューの有無や名称、表示内容、操作手順などが記事の内容と異なる場合があります。
機種によっては利用できない機能やアプリもあります。あらかじめご了承ください。

本書の見方・使い方

「マスト!」マーク

239のテクニックの中でも多くのユーザーにとって有用な、特にオススメのものをピックアップ。まずは、このマークが付いたテクニックから試してみよう。

「APP」コーナー

APP

Pocket
作者／Read It Later
価格／無料

QRコード

QRコードを読み取れば、該当アプリのインストール画面に簡単にアクセスできる。主要な機種では、標準のカメラアプリを起動し、QRコードに向けるだけで読み取り可能。標準カメラアプリで読み取れない場合は、下記の「qrコード読み取りアプリ」を利用しよう。

**qrコード
読み取りアプリ**
作者／QR SCAN Team
価格／無料

QRコードの読み取り方法

スマートフォンの標準カメラアプリで読み取る

スマートフォン標準のカメラアプリを起動し、QRコードに向けると自動でスキャンされる。画面上にバナーやURLが表示されたらタップしよう。

qrコード読み取りアプリで読み取る

「qrコード読み取りアプリ」を起動してQRコードにカメラを向けると即座にスキャンされる。この画面が表示されたら「ブラウザで表示」をタップ。

Playストアでアプリをインストールする

Playストアが起動し、該当アプリのインストールページが表示される。「インストール」もしくは価格表示部分をタップして、アプリをインストールしよう。

掲載アプリINDEX

巻末のP110〜111にはアプリ名から記事を検索できる「アプリINDEX」を掲載。気になるあのアプリの使い方を知りたい……といった場合に参照しよう。

基本の
便利技

スマートフォンを買ったらまずは必ずチェックしたい
設定ポイントや、標準搭載ながらもすぐには
気付きにくい便利機能、頻繁に使う
快適操作法など、すべてのユーザーにおすすめの
基本テクニックを総まとめ。

SECTION

1

001

基本操作

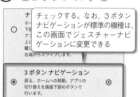

ナビゲーションバーを
従来の3つのボタンに戻す

設定で3ボタン
ナビゲーション
に変更しよう

　スマートフォンの画面下部にボタンが表示されない場合は、画面をジェスチャーのみで操作する「ジェスチャーナビゲーション」に設定されている。慣れてしまえば素早く操作できるが、従来のように画面下部に「戻る」「ホーム」「最近使用したアプリ」ボタンを配置して操作したい場合は、「設定」→「システム」→「ジェスチャー」→「システムナビゲーション」で「3ボタンナビゲーション」を選択しよう。機種やAndroidのバージョンによっては「2ボタンナビゲーション」を選択できる場合もある。

1 ジェスチャーナビ
ゲーションの操作

画面の左右端から中央へスワイプすると前の画面に戻る

画面を下から上にスワイプしてホーム画面に戻る。途中で止めると「最近使用したアプリ」画面が表示される

ジェスチャーナビゲーションは下部にボタンが表示されない。画面の左右端から中央にスワイプしたり、下から上にスワイプするといったジェスチャーで操作する。

2 ナビゲーションバー
の設定を開く

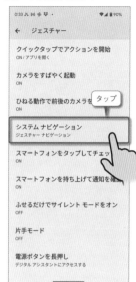

タップ

ジェスチャーナビゲーションが操作しづらいなら、従来の3つボタンに戻そう。「設定」→「システム」→「ジェスチャー」→「システムナビゲーション」をタップする。

3 ナビゲーションバー
を3ボタンにする

チェックする。なお、3ボタンナビゲーションが標準の機種は、この画面でジェスチャーナビゲーションに変更できる

3ボタンナビゲーション

3ボタンナビゲーションに変更された

「3ボタンナビゲーション」にチェックすると、ナビゲーションバーを「戻る」「ホーム」「最近使用したアプリ」の3ボタン構成に戻すことができる。

002

画面操作

ダークモードで
見た目も気分も
一新しよう

　スマートフォンの画面は、黒を基調とした暗めの配色「ダークモード」に切り替えることが可能だ。設定画面などの他にも、PlayストアやChromeなど、ダークモードに対応するアプリの画面が黒基調に切り替わる。ダークモードの画面は、見た目がクールでかっこいいという他にも、全体の輝度が下がるので目に優しく、光量が減ることでバッテリーの使用量を節約できるメリットもある。暗い場所で見ても目が疲れにくいので、夜間だけダークモードになるようにスケジュールを設定しておくのもおすすめだ。

「設定」→「ディスプレイ」や「画面設定」で「ダークモード」にすると、黒を基調とした画面に切り替わる

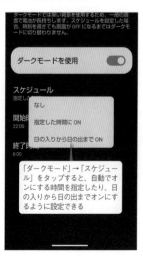

「ダークモード」→「スケジュール」をタップすると、自動でオンにする時間を指定したり、日の入りから日の出までオンにするように設定できる

003

画面操作

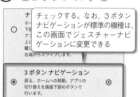

直前に使ったアプリに
素早く切り替える

　システムナビゲーション（No001で解説）を「ジェスチャーナビゲーション」や「2ボタンナビゲーション」に設定して使っている場合は、いちいち「最近使用したアプリ」画面を開かなくても、直前に使っていたアプリに簡単に切り替える方法があるので覚えておこう。画面下部に小さく表示されるナビゲーションバーを右にスワイプするだけで、ひとつ前に使っていたアプリに素早く切り替わる。さらに右にスワイプすればもうひとつ前に使っていたアプリに切り替わり、左にスワイプすると元のアプリに戻る。

「ジェスチャーナビゲーション」や「2ボタンナビゲーション」の時は、画面下部のバーを右にスワイプすると、直前に使っていたアプリに素早く切り替えできる。3ボタンナビゲーションの場合は、「最近使用したアプリ」ボタンをダブルタップすると、直前に使ったアプリに切り替えることができる

もう一度右にスワイプすると、さらに前に使っていたアプリに切り替わる。左にスワイプすると元のアプリに戻る

004
画面操作

クイック設定ツールを素早く利用する

ステータスバーを下へスワイプすると通知パネルが表示され、同時にクイック設定ツールの一部のボタンも利用できる。他のクイック設定ツールを表示するには、さらにもう一段階下にスワイプする必要があるが、ステータスバーを2本指でスワイプすると、はじめからクイック設定ツールのタイル一覧が表示され、画面内を左右にスワイプしてすべてのツールを利用できる。最初のスワイプで表示されないボタンや、画面の明るさ調整スライダーへ素早くアクセスしたい時に有効な操作法なのでぜひ覚えておきたい。

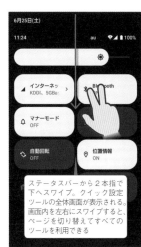

ステータスバーから1本指で下へスワイプ。クイック設定ツールは一部しか表示されない

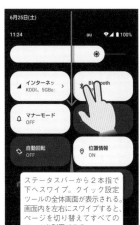

ステータスバーから2本指で下へスワイプ。クイック設定ツールの全体画面が表示される。画面内を左右にスワイプすると、ページを切り替えてすべてのツールを利用できる

005
画面操作

自動回転オフでも画面を横向きにする

Webサイトなどを寝転がって見ようとすると、画面が勝手に回転してしまうので、普段は自動回転を無効にして縦向きで固定している人は多いだろう。ただ、動画を横向きで見たい場合などに、いちいち自動回転をオンに戻すのは面倒だ。そんなときは、自動回転がオフのままで、画面を横向きにしてみよう。ナビゲーションバーの端に表示される回転ボタンをタップするだけで、すぐに横向き画面にできる。縦向き画面に戻したい場合は、画面を縦向きにすると表示される回転ボタンをタップすればよい。

画面の自動回転は無効にしたままで良い。スマートフォンを横向きにしても画面は回転しないが、ナビゲーションバーの端に回転ボタンが表示されるので、これをタップしよう

このように、画面が横向きに変わる。縦向きに戻したい場合は、ナビゲーションバーの回転ボタンを再度タップすればよい

006
画面操作

マルチウィンドウ機能で2つのアプリを同時利用

画面を2分割してマルチタスクを実現する

Androidスマホには、画面を2分割して別々のアプリを同時に利用できる「マルチウィンドウ機能」が搭載されている。OSのバージョンや機種によって操作が異なるが、基本的には最近使用したアプリの一覧を開いて、上部に表示されるアイコンをタップし、メニューから「上に分割」をタップ。続けて、分割した下の画面に表示するアプリを選択すればよい。中央の仕切りバーを上下にドラッグすると、表示サイズの割合を調整できる。なお、縦向き画面では上下、横向き画面の場合は左右に画面が分割される。

1 画面を分割してアプリを2つ表示

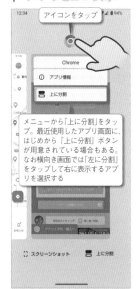

アイコンをタップ

メニューから「上に分割」をタップ。最近使用したアプリ画面に、はじめから「上に分割」ボタンが用意されている場合もある。なお横向き画面では「左に分割」をタップして右に表示するアプリを選択する

最近使用したアプリ一覧を開いて、分割表示したいアプリのアイコンをタップし、続けて「上に分割」をタップ。下画面で別のアプリを選択する。

2 マルチウィンドウを解除する

仕切りバーを上下いっぱいまでドラッグして解除

中央の仕切りバーを上下にドラッグすると、上下の表示サイズを変更できる。一定以上まで仕切りバーを動かすと、マルチウィンドウが解除され元の1画面に戻る。

3 分割表示できないアプリもある

「上に分割」が表示されないアプリは分割表示に非対応

最近使用したアプリ一覧でアプリのアイコンをタップしても「上に分割」が表示されない場合は分割表示できない。また、同じアプリを分割表示したり、複数の分割画面に表示することもできない。

007

サウンド

不要な操作音や
バイブレーションをオフにする

操作の音が
気になるなら
最初にオフにする

多くの機種では、標準状態のままだと操作キーや各種メニューをタップするたびに音が鳴り、バイブレーションも動作する。また、電話のダイヤルキーをタップした際も音が鳴るようになっている。確実に操作した感触が得られる仕様だが、これが煩わしい場合はあらかじめすべてオフにしておこう。「設定」→「着信音とバイブレーション」画面の項目で不要なサウンドのスイッチをオフにすればよい。なお、各種操作音はマナーモードにすれば消音される。タップ操作時のバイブは、設定でオフにしないと消えない。

1 各種操作音とバイブをオフに

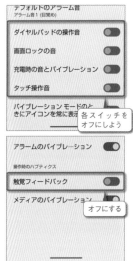

各スイッチをオフにしよう

オフにする

「設定」→「着信音とバイブレーション」で「ダイヤルパッドの操作音」など不要な項目をオフにしておこう。また「バイブレーションとハプティクス」→「触覚フィードバック」をオフにするとタップ操作時のバイブをオフにできる。

2 キーボードの操作音をオフにする

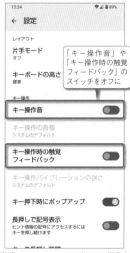

「キー操作音」や「キー操作時の触覚フィードバック」のスイッチをオフに

機種によっては、キーボードの操作音もオンになっているので、「設定」→「システム」→「言語と入力」→「画面キーボード」でキーボードを選び、キーボードの設定で「キー操作音」や「キー操作時の触覚フィードバック」をオフにしよう。

3 シーンに応じて操作音を消すには

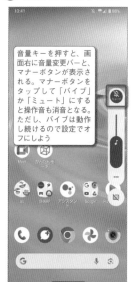

音量キーを押すと、画面右に音量変更バーと、マナーボタンが表示される。マナーボタンをタップして「バイブ」か「ミュート」にすると操作音も消音となる。ただし、バイブは動作し続けるので設定でオフにしよう

必要に応じて消音したい場合は、音量キーを押して、画面右に表示されるバーの上部ボタンを、「バイブ」または「ミュート」にすればよい。

008

共有

スマホ同士で手軽に
写真やデータをやり取りする

ニアバイシェアで
近くのAndroid端末
とやり取りできる

近くにある Android スマートフォン同士で、手軽に写真や連絡先などのデータを送受信できる機能が「ニアバイシェア」だ。この機能を使うには、あらかじめ「設定」→「Google」→「デバイス、共有」→「ニアバイシェア」でスイッチをオンにし、Bluetooth と位置情報をオンにしておく必要がある。あとは、フォトや Files アプリなどで送信したいデータを選択し、共有ボタンをタップ。共有画面に表示される「ニアバイシェア」ボタンをタップし、送信可能な近くの Android デバイスを選択すれば相手に送信できる。

1 ニアバイシェアの機能を有効にする

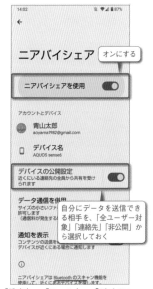

オンにする

自分にデータを送信できる相手を、「全ユーザー対象」「連絡先」「非公開」から選択しておく

「設定」→「Google」→「デバイス、共有」→「ニアバイシェア」をタップし、スイッチをオンにする。また Bluetooth と位置情報もオンにしておこう。

2 ニアバイシェアで相手に送信する

タップ

検出された相手をタップ。受信側のデバイスでは、ニアバイシェアの通知をタップして「承認する」をタップすると転送が開始される

フォトや Files などのアプリでファイルを選択したら、共有ボタンをタップして「ニアバイシェア」をタップ。送信可能な近くのデバイスが検出されるので、選択して送信しよう。

POINT

Windowsとも
送受信できる

パソコンとスマートフォン間で手軽にファイルをやり取りできる、「Windows 用ニアバイシェア（ベータ版）」（https://android.com/better-together/nearby-share-app/）も用意されている。インストールと設定を済ませたら、送信したいファイルの右クリックメニューから「ニアバイシェアで送信」を選択し、送信可能なデバイスを選択すればよい。

009

通話

マスト！

通話中に行える
さまざまな操作を覚えておこう

電話を切らなくても
さまざまな機能を
同時に利用できる

スマートフォンは、電話アプリを使って電話の発着信を行う。この電話アプリには、通話に関する便利な機能がいくつも備わっているので覚えておこう。通話中の画面には、赤い受話器マークの通話終了ボタンと共に、自分の音声を相手に聞こえないようにする「ミュート」、音声ガイダンスの番号入力に使える「キーパッド」、相手の音声をスピーカーから出力する「スピーカー」などが表示される。また、通話中でもホーム画面に戻ったり、通話を継続しながら他のアプリを利用することもできる。

1 キーパッドで 番号を入力する

タップするとキーパッドが表示される

宅配便の再配達サービスやサポートセンターなどで番号入力が必要な時は、「キーパッド」をタップして数字を入力しよう。

2 自分の音声の消音と スピーカー通話

それぞれ再度タップすれば機能がオフになる

「ミュート」をタップすると、自分の音声が相手に聞こえなくなる。「スピーカー」をタップすると、スピーカーフォンを利用可能。

3 通話しながら 他のアプリを使う

通話中は受話器のアイコンが表示される

通話バブルをタップすると、通話画面に戻ったり通話を終了できる。通話バブルが表示されない場合は、通知パネルを開いて通話中のパネルをタップすると通話画面に戻る

通話中でもホーム画面に戻って、他のアプリを利用可能。なお、通話状態では、ステータスバーに受話器のアイコンが表示される。

010

画面設定

マスト！

スリープまでの時間とロック
までの時間を適切に設定する

使い勝手と
セキュリティを
バランス良く

スマートフォンは、しばらくタッチパネルを操作しないと、自動的に画面が消灯しスリープ状態となる。また、そのまま操作しないと画面にロックがかかり、指紋認証やパスコードなどでロックを解除しないと端末を利用することができなくなる（設定が必要）。このスリープするまでの時間とロックするまでの時間は、それぞれ個別に設定可能だ。セキュリティや省電力の面では、どちらも短い方がよいが、すぐにスリープおよびロックしてしまうと使い勝手が悪い。バランスをみて、自分に合った時間に設定しよう。

1 スリープするまでの 時間を設定する

画面消灯（スリープ）

○ 15秒
○ 30秒
○ 1分
◉ 2分
○ 5分
○ 10分
○ 30分

15秒や30秒では、少し長い文章を読んでいる内に消灯してしまう。2分か5分がおすすめだ

まずは「設定」→「ディスプレイ」や「画面」にある「画面消灯（スリープ）」で、スリープするまでの時間を設定する。

2 ロックするまでの 時間を設定する

AQUOS sense6の場合は、「セキュリティ」で「画面ロック」の右にある歯車ボタンをタップし、「画面消灯後からロックまでの時間」をタップ。安全性と使い勝手のバランスを考えて設定しよう。あらかじめ画面のロックの設定を行っておく必要がある

○ すぐ
◉ 5秒後
○ 15秒後
○ 30秒後
○ 1分後
○ 2分後
○ 5分後
○ 10分後
○ 30分後

スリープしてからロックするまでの時間は、「設定」→「セキュリティ」画面の歯車ボタンや「安全なロック設定」をタップし、「画面消灯後からロックまでの時間」で変更できる。

3 電源キーで即座に ロックする設定

画面ロック

パターンを表示する　　●

画面消灯後からロックまでの時間
画面消灯から5秒後（Smart Lock がロック解除を管理している場合を除く）

電源ボタンですぐにロックする　　●
Smart Lock がロック解除を管理している場合を除きます

オンにしておく

「設定」→「セキュリティ」画面にある歯車ボタンや「安全なロック設定」などをタップし、「電源ボタンですぐにロックする」もオンにしておく。

011

サウンド

マスト！ 各種音量を個別に調整する

通常、本体の音量キーを押してコントロールできるのは、音楽や動画再生時のメディアの音量だ。電話やLINEの着信音や通話中の音量、アラームの音量を変更したい場合は、音量キーを押して表示されるスライダーの下部にある、オプション（3つのドット）ボタンをタップしよう。各種音量の設定画面が表示されて、メディアの音量、通話の音量、着信音と通知の音量、アラームの音量をスライダーで個別に設定することができる。なお、「設定」→「着信音とバイブレーション」でも同様にスライダーで個別に調整できる。

音量キーを押すと、画面右端にスライダーが表示され、基本的にメディアの音量を調整できる。他の音量を調整したい場合は、下部にあるオプション（3つのドット）ボタンをタップ

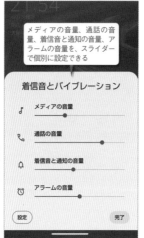

メディアの音量、通話の音量、着信音と通知の音量、アラームの音量を、スライダーで個別に設定できる

012

サウンド

マスト！ 「OK Google」で音量を細かく調整する

音楽や動画の音量は、本体の音量キーや、「設定」→「着信音とバイブレーション」→「メディアの音量」のスライダーで変更できるが、手動だと15段階や30段階など、機種ごとに設定された音量レベルでしか調整できない。しかし「OK Google」（No013で解説）で起動するGoogleアシスタントを利用すると、「音量を33%にして」や「音量を7%上げて」、「音量を17%下げて」などと伝えて、1%単位で音量を細かく調整できる。また、「現在の音量は？」と尋ねると最大音量の何%かを教えてくれる。ぜひ活用しよう。

「OK Google」でGoogleアシスタントを起動し、「音量を33%にして」と伝えると、1%単位で音量を変更できる。「音量を最大（最小）にして」で、素早く最大音量や最小音量に設定することもできる

「現在の音量は？」と尋ねると、現在のメディアの音量が何%かを教えてくれる

013

音声操作

「OK Google」でスリープ中でもGoogleアシスタントを起動

Voice Matchを有効にして自分の声を登録しよう

電源キーの長押しなどで起動できる「Googleアシスタント」。「明日の天気は？」「ここから○○までの道順は？」「Wi-Fiをオンに」「○○さんにメールして」などと呼びかけ、さまざまな情報検索や各種操作を行える音声アシスタント機能だ。そのままでも便利だが、さらに「Voice Match」機能を有効にし、自分の声を登録すれば、「OK Google」（「ヘイGoogle」や「ねえGoogle」でもよい）と発声することで、アプリの使用中やロック画面でもGoogleアシスタントを起動できるようになる。

1 Googleアプリを起動する

標準インストールされている「Google」アプリを起動したら、右上のユーザーボタンをタップし、「設定」→「音声」→「Voice Match」をタップ。

2 Ok Googleを有効にする

オンにする。表記が「Hey Google」になっている場合もあるが、「OK Google」「Hey Google」どちらでも反応する

「Ok Google」のスイッチをオンにして「次へ」をタップ。画面の指示に従い、何度か「Ok Google」と話しかけて自分の声を登録しよう。

3 「OK Google」でロック中も利用できる

Googleアプリで右上のユーザーボタンをタップし、「設定」→「Googleアシスタント」→「ロック画面」で「ロック画面でのアシスタントの応答」をオンにしておくと、ロック画面でも「OK Google」と呼びかけてGoogleアシスタントを利用できる

014

音声操作

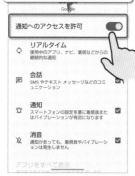（マスト！ロゴ）

Googleアシスタントの便利すぎる活用法

何でも頼める音声アシスタントを使いこなそう

Google アシスタントを利用すると、調べ物やアプリの利用などさまざまな作業を手助けしてくれるが、具体的にどんな頼み方で何ができるのかが分からないと活用しづらいだろう。ここでは、Google アシスタントで覚えておきたい主な使い方や、意外と知られていない便利な入力例をまとめて紹介する。まずはこれらの操作で Google アシスタントの便利さを体感して、他にも便利な使い方がないか試してみるといいだろう。音声だけで手軽に起動できるように「OK Google」も有効にしておこう（No013 で解説）。

19時に実家に電話することをリマインド

「○時に○○とリマインド」と伝えると、Google ToDo リストにリマインダーを登録する。登録したリマインダーは、Google アプリのアカウントボタンをタップして「リマインダー」を選択すると確認できる。

近くに銀行はありますかを英語に翻訳して

「○○を○○（言語）に翻訳して」と伝えると、話した内容を他の言語に翻訳して読み上げてくれる。お互いの会話をリアルタイムで通訳してくれる「通訳モード」については No211 で解説。

巨人の試合結果は?

「○○（プロ野球やJリーグのチーム名）の試合結果は?」と聞くと、最新の試合結果を詳細とともに教えてくれる。YouTube で配信されている試合のダイジェスト動画も視聴できる。

この曲は何?

「この曲は何?」と話しかけ、スマートフォンで再生中の曲や外部で流れている曲を聞かせると、その曲名を表示してくれる。ハミングや口笛でも聞き取って候補を表示してくれる。

ビッグデータの意味は?

「○○（語句など）の意味は?」と尋ねると、Google の辞書や Web 上での検索結果からその語句の意味を調べて内容を読み上げてくれる。用語解説の出典元も表示され確認できる。

8月18日13時に会議という予定を追加して

「○月○日○時に○○という予定を追加して」と伝えると、Google カレンダーに予定を追加できる。Google アプリの「設定」→「Google アシスタント」→「カレンダー」で、予定を追加するデフォルトのカレンダーを変更できる。

ここから新宿駅までの道順は?

「○○から○○（駅名やスポット）までの道順は?」と伝えると、Google マップによるルート案内が表示され、移動手段を車や公共交通機関、徒歩などから選択して確認できる。

325ドルは何円?

「○ドルは何円?」「○ユーロは何ドル?」で、最新の為替レートで換算してくれる。その他にも、長さや重量の単位を変換したり、計算問題を解いたり、株価を取得することもできる。

2019年2月の写真を表示

「○○年○月の写真を表示」と伝えると、Google フォトでその期間の写真を絞り込んで表示してくれる。また人物やペットの写真に名前を付けておけば、「○○（名前）の写真を見せて」で表示できる。

015

通話

通知内容を音声で確認する

メッセージ内容をGoogleアシスタントに読み上げてもらう

SMS や LINE の通知音が鳴った際に、「OK Google、メッセージを読んで」と伝えると、Google アシスタントが新着メッセージの内容を読み上げてくれる。そのまま音声で返信メッセージを送ることも可能だ。あらかじめ、「設定」→「通知」→「デバイスとアプリの通知」→「Google」で「通知へのアクセスを許可」をオンにしておき、LINE の設定でも「Google アシスタント」→「LINE 友だちを連絡先に追加」をオンにしておこう。なお、SMS を「＋メッセージ」で送受信していると、読み上げも返信もできない。

1 設定で通知へのアクセスを許可する

> オンにする。「デバイスとアプリの通知」に「Google」がない場合は、一度「OK Google、メッセージを読んで」と話しかけることで、設定を変更するよう警告画面が表示され、「デバイスとアプリの通知」画面の「許可されていないアプリ」欄に「Google」が追加される

あらかじめ、「設定」→「通知」→「デバイスとアプリの通知」→「Google」で、「通知へのアクセスを許可」をオンにしておく。

2 Googleアシスタントで通知を読み上げる

> メッセージの読み上げ後に「返信しますか?」と聞かれたら、「はい」と返答すれば、返信メッセージの内容を音声で伝えて送信できる。ただし、読み上げと返信に対応するのは、Google の「メッセージ」アプリに届いた SMS で、「＋メッセージ」アプリは非対応

SMS の通知音が鳴ったら、「OK Google、メッセージを読んで」と話すと、Google アシスタントが新着メッセージの内容を読み上げてくれる。

3 LINEでも読み上げと返信が可能

> LINE で「設定」→「Google アシスタント」→「LINE 友だちを連絡先に追加」をオンにし、通知設定もオンにしておけば、LINE の新着メッセージを「OK Google、メッセージを読んで」で読み上げたり、音声で返信できるようになる

基本の便利技

016

バッテリー

マスト！バッテリーの残量を数値でも表示する

バッテリーの残量はステータスバーにアイコンと数値で表示されるが、標準ではアイコン表示のみの機種もある。より正確に把握するために、数値の表示も有効にしておこう。「設定」→「電池」や「バッテリー」を開いて、「バッテリー残量」といった項目をオンにしておこう。また機種によっては、バッテリー残量の数値を電池アイコンの横かアイコン内に表示するかを選択できるものもある。

バッテリー残量が数値でも表示されるようになった

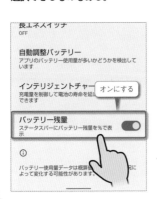

オンにする

017

電話

マスト！かかってきた電話の着信音を即座に消す

着信音で周りに迷惑をかけないよう、シーンに応じてマナーモード（またはサイレントモード）を利用したいが、つい忘れてしまうことも多い。かかってきた電話に素早く対処しようとしても、焦ってうまく操作できないこともある。そんな時は音量キーの上下どちらかを押すだけで着信音が消えることを覚えておこう。サウンドが消えるだけで着信状態は続いているので、落ち着いて応答、拒否、SMSで返信などの操作を行おう。留守番電話サービスや伝言メモを設定している場合は、そのまましばらく待っていれば自動的に機能が実行される。また、電源キーを押しても着信音を消すことができる。この場合は画面ロック中の着信画面に切り替わり、サウンドが消えて着信状態が継続する。

電話がかかってきたら音量キーの上下どちらかを押す

018

サイレントモード

画面をふせるだけでサイレントモードにする

Androidスマートフォンには、通知音や着信音を一時的に消すマナーモード（ミュート）のほかに、通知をオフにしたり特定の人物やアプリからの通知のみ許可できる「サイレントモード」も用意されている。サイレントモードはクイック設定パネルから手動で機能をオン／オフできるほか、Google Pixelなど一部の機種は、「設定」→「Digital Wellbeingと保護者による使用制限」→「ふせるだけでサイレントモードをオン」を有効にしておくと画面をふせるだけで機能をオンにできる。

あらかじめ「設定」→「通知」→「サイレントモード」で、サイレントモードの設定を済ませておこう

「設定」→「Digital Wellbeingと保護者による使用制限」→「ふせるだけでサイレントモードをオン」を有効にすると、画面をふせるだけでサイレントモードをオンにできるようになる

019

Googleレンズ

気になったものをカメラで写して検索する

カメラアプリの画面内にある「Googleレンズ」ボタンをタップすると、Googleレンズが起動する。これはカメラに写したものが何かを教えてくれるツールだ。たとえばきれいな花を見かけたら、Googleレンズで撮影するだけでその植物の名前や詳細を表示してくれる。また、街中の建物やランドマークの名前を調べたり、服や靴を撮影して商品名を調べたり価格を比較できるほか、「青」などのキーワードを追加して色違いのアイテムを探すことも可能だ。画面内のテキストを選択したり翻訳する機能も備えている。

Googleレンズボタンをタップ。Google Pixelでは、下部メニューで「モード」を選んだ後、「レンズ」をタップする

カメラの画面内にある「Googleレンズ」ボタンをタップ。Googleレンズが起動したら、調べたいものにカメラを向けてシャッターボタンをタップしよう

植物や建物、ランドマークなどを写すと名称の候補や詳細が表示される。商品を写して購入可能なサイトを表示したり、看板やラベルを写してテキストのコピーや翻訳を行うこともできる

マスト！

スマートフォン内のファイルを
まとめて管理する

標準のファイル管理アプリ「Files」を使いこなそう

Chrome でダウンロードしたファイルや SD カード内のファイルなどを確認したいときは、標準のファイル管理アプリ「Files」を利用しよう。通常は「Google」フォルダに用意されているが、見当たらない場合は Play ストアで「Files by Google」を検索してインストールすればよい。アプリを起動したら、まず下部メニューの「見る」画面を開こう。本体内のすべてのファイルやフォルダを表示するには「内部ストレージ」を、SD カード内のすべてのファイルやフォルダを表示するには「SD カード」をタップする。「カテゴリ」欄では、ダウンロードや画像、動画、アプリなどのカテゴリ別にファイルを表示できるほか、上部の検索欄でファイルをキーワード検索することも可能だ。ファイルサイズが大きい順に並べ替えて不要なファイルやアプリを削除したり、内部ストレージのファイルを SD カードに作成した新しいフォルダに移動するなど、ストレージ不足の際のデータ整理にも活用できる。またストレージの空き容量を増やすには、下部メニューの「削除」画面も定期的にチェックしておきたい。ここでは、不要な一時ファイルやゴミ箱内のファイル、あまり使用していないアプリなどを、ワンタップで削除することが可能だ。なお、下部メニューの「ニアバイシェア」画面では、ニアバイシェア（No008 で解説）を使って他の Android スマートフォンとデータをやりとりできる。

Filesアプリの使い方と機能

1 「見る」画面でファイルを管理

Chrome などでダウンロードしたファイルはここで確認できる

「安全なフォルダ」については No176 で解説

内部ストレージと SD カード内のすべてのファイルやフォルダを表示する

下部メニューの「見る」画面で、デバイス内のすべてのファイルの閲覧や移動、コピー、削除などが可能だ。「カテゴリ」欄で、ダウンロードや画像、アプリなどカテゴリ別にファイルを表示できる。

2 キーワードでファイルを検索する

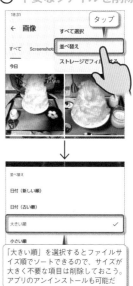

ファイルの種類やサイズ、保存先などで絞り込める

上部の検索欄にキーワードを入力すると、内部ストレージと SD カード内のファイルを横断検索できる。カテゴリなどで探してもファイルが見当たらないときに活用しよう。

3 サイズの大きい不要なファイルを削除

タップ

「大きい順」を選択するとファイルサイズ順でソートできるので、サイズが大きく不要な項目は削除しておこう。アプリのアンインストールも可能だ

カテゴリや検索結果の画面で右上のオプション（3 つのドット）ボタンをタップすると、「並べ替え」でサイズの大きい順にソートできる。サイズが大きく不要なファイルは削除して空き容量を増やそう。

4 ファイルを移動して整理する

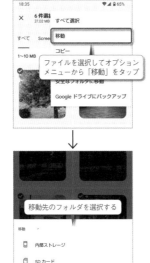

ファイルを選択してオプションメニューから「移動」をタップ

移動先のフォルダを選択する

ファイルをロングタップすると選択できる。続けて右上のオプションボタンから「移動」で選択したファイルを他の場所に移動できる。サイズが大きいファイルを SD カードに移したい場合などに利用しよう。

5 不要なファイルをまとめて削除する

内部ストレージと SD カードの使用容量

タップすると不要な一時ファイルを削除できる

下部メニューの「削除」を開くと、内部ストレージと SD カードの使用容量を確認できるほか、一時ファイルやサイズの大きいファイルなどが不要なファイルとして提案され、まとめて削除できる。

6 重要なファイルはお気に入りに追加

タップ

お気に入りに追加したファイルは、「見る」画面の「お気に入り」画面で確認できる

重要なファイルは、選択してオプションメニューから「お気に入りに追加」をタップしておこう。お気に入りのファイルは削除候補に表示されなくなるので、誤って削除することを防げる。

021
文字入力

よく使う単語や文章を
辞書登録しておこう

マスト！

文字入力を
快適にする
事前の準備

よく入力するものの標準ではすぐに変換されない固有名詞や、ネットショッピングや手続きで入力が面倒な住所、メールアドレスなどは、ユーザー辞書に登録しておけば素早い入力が可能だ。例えば、「めーる」と入力して自分のメールアドレスに変換できれば、入力の手間が大きく省ける。また、挨拶などの定型文を登録しておくのも便利な使い方だ。ここでは、Googleのキーボード「Gboard」での辞書登録方法を紹介するが、他のキーボードでも同じような操作なので、迷うことはないはずだ。

1 ユーザー辞書を登録する

タップして登録開始

単語リストに保存された単語はありません。単語を追加するには、追加ボタン[+]をタップします。

「設定」→「システム」→「言語と入力」→「画面キーボード」→「Gboard」→「単語リスト」→「単語リスト」→「日本語」でユーザー辞書登録画面を開き、「+」ボタンをタップ。Gbord以外のキーボードを使っている場合は、「画面キーボード」で使用中のキーボードを選び、「辞書」や「ユーザー辞書」といったメニューを開こう。

2 単語と読みを登録する

日本語
東京都新宿区四谷三栄町12-4
よみ
じゅうしょ

ここでは「じゅうしょ」と入力して、実際の住所に変換できるようにした

上の欄に単語（変換したい固有名詞やメールアドレス、住所、定型文など）を入力する。下の欄に入力文字（読みなど）を入力する。

3 変換候補を確認しよう

「じゅうしょ」と入力した際の変換候補に、登録した住所が表示されるようになった

022
アプリ

アプリの長押し
メニューを活用しよう

マスト！

ホーム画面やアプリ管理画面でアプリをロングタップすると、メニューが表示され、さまざまな操作を素早く行える。例えばGmailの場合は「作成」（新規メール作成）、連絡帳では「連絡先を追加」、YouTubeでは「登録チャンネル」や「探索」など、メニューの内容はアプリによって異なる。また、機種によってはこのメニューからアプリのアンインストールを行える場合もある。さらに、メニューの項目をホーム画面にドラッグすれば、ショートカットアイコンが作成され、いつでもワンタップで利用可能になる。

アプリをロングタップしてメニューを表示。例えばChromeの場合は、「新しいタブ」と「シークレットタブ」のメニューを利用できる。また、Playストアからインストールしたアプリの中にも、長押しメニューを利用できるものがある

メニューの項目をホーム画面にドラッグすると、ショートカットアイコンが作成され、機能をワンタップで利用できるようになる

023
スクリーンショット

画面のスクリーン
ショットを保存する方法

マスト！

ほとんどのAndroidスマートフォンの共通操作として、電源キーと音量キーの下（マイナス）を、同時に押す（機種によっては1秒程度の長押し）ことで、簡単に表示中の画面を撮影（スクリーンショット）して保存できる。また、スクリーンショット撮影時に表示されるサムネイルのメニューで「キャプチャ範囲を拡大」ボタンをタップして範囲指定すると、表示されていない部分も含めた全画面スクリーンショットを保存できる。ただし、パスワード入力画面や動画配信サービスの再生画面など、アプリや機能によっては、スクリーンショットを撮影できない場合もあるので要注意。保存したスクリーンショットは、フォトアプリの「ライブラリ」で「Screenshots」を開けば確認できる。もちろんカメラで撮影した写真データと同様に扱うことが可能だ。

電源キーと音量キーの下を押すことで、スクリーンショットを撮影できる

スクリーンショット撮影時に表示されるサムネイルのメニューで、「キャプチャ範囲を拡大」ボタンをタップすると、全画面スクリーンショットを保存できる

024

画面録画

画面の動きを動画として保存する

マイクやデバイスの音声、タッチ操作も含めて録画できる

Androidスマートフォンには、画面の操作などを動画として保存できる「スクリーンレコード」機能が標準で用意されている。録画を開始するには、クイック設定ツールにある「スクリーンレコード開始」ボタンをタップすればよい。ボタンがクイック設定ツールにない場合は、No167で解説している手順で追加しておこう。録画にマイクやデバイスの音声を含めたり、画面上のタップ操作も記録したい場合は、それぞれのスイッチをオンにすればよい。あとは「開始」ボタンをタップすれば録画が開始される。

1 スクリーンレコード開始ボタンをタップ

ステータスバーを下に2段階スワイプしてクイック設定ツールを開き、「スクリーンレコード開始」ボタンをタップする。

2 画面の録画を開始する

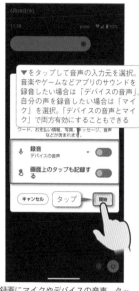

録画にマイクやデバイスの音声、タップ操作を含める場合はそれぞれのスイッチをオンにしておき、「開始」ボタンをタップすると録画が開始される。

3 画面の録画を停止する

画面録画中は、ステータスバーに赤いアイコンが表示される。録画を終了するには、通知パネルを開いて「停止」をタップすればよい。

025

Wi-Fi

マスト！

Wi-Fiのパスワードを素早く共有する

QRコードやニアバイシェアでWi-Fi接続できる

Androidスマートフォンには、接続済みのWi-Fiパスワードを、他のユーザーと簡単に共有する機能が用意されている。自宅に招待した友人に、いちいち十数桁のパスワードを伝える必要がなくなるので覚えておこう。共有する側は、設定の「ネットワークとインターネット」→「Wi-Fiとモバイルネットワーク」で接続中のWi-Fiネットワークの歯車ボタンをタップし、「共有」をタップ。指紋認証などを済ませるとQRコードが表示されるので、これを相手に読み取ってもらうか、「ニアバイシェア」ボタンで共有（No008で解説）しよう。

1 接続中のWi-Fiの「共有」をタップ

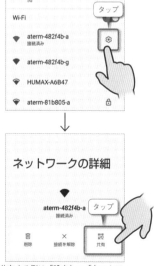

共有する側は「設定」→「ネットワークとインターネット」→「Wi-Fiとモバイルネットワーク」を開き、接続中のWi-Fiネットワークの歯車ボタンをタップ。続けて「共有」をタップ。

2 QRコードやニアバイシェアで共有する

表示されるQRコードを相手に読み取ってもらうか、「ニアバイシェア」ボタンをタップして近くのAndroidスマートフォンに送信する。

3 QRコードを読み取る方法

カメラアプリを起動してQRコードにかざせばQRコードを読み取れる

「設定」→「ネットワークとインターネット」→「Wi-Fiとモバイルネットワーク」を開き、「ネットワークを追加」の右にあるボタンをタップしてもよい。QRコードリーダーが起動する

QRコードはカメラアプリをかざすだけで読み取ることが可能だ。「Wi-Fiとモバイルネットワーク」画面に用意されているQRコードリーダーを使ってもよい。

基本の便利技

026
セキュリティ

マスト！
アプリ購入時も指紋や顔で認証を行う

指紋認証や顔認証に対応したスマートフォンでは、画面のロック解除のみならず、Play ストアでの有料コンテンツ購入時にも生体認証機能を利用可能だ。「Play ストア」アプリのアカウントボタンをタップしてメニューを表示し、「設定」で「生体認証」をオンに

する。次に、その下の「購入時には認証を必要とする」をタップし設定を行う。これで Play ストアで支払いが発生する際には、指紋や顔による認証処理が必要となる。セキュリティ強度アップや誤購入の防止と共に、購入操作もスムーズになる。

Play ストアのメニューで「設定」を開き、「生体認証」をオンにする。さらに「購入時には認証を必要とする」で「このデバイスで Google Play から購入するときは常に」か「30 分毎に」を選択する

アプリなどの有料コンテンツ購入時は、「1 クリックで購入」をタップすると、指紋や顔による生体認証を求められるようになる

027
画面操作

マスト！
日本語と英語のダブル検索でベストアプリを発見

Play ストアでアプリを探す際は、単純に日本語だけで検索していないだろうか。自分の目的にあったアプリをしっかり探し出すには、検索キーワードに工夫が必要だ。たとえば、リマインダー系のアプリを探す場合、「リマインダー」と検索するだけでは不十分。

英語の「reminder」でも検索してみよう。すると、また別のアプリが表示されるはずだ。他にも、「タスク管理」「Task」「ToDo 管理」「ToDo list」など、同じ機能を表す他の言い回しで検索してみれば、幅広い検索結果から優秀なものを探し出せるはずだ。

うまくアプリを探し出すには、検索キーワードをいくつか変えてみるのが重要。例えば「リマインダー」ではこのような検索結果

英語の「reminder」で検索すると、また違うアプリが上位に表示される。日本語の検索結果の方が日本語に最適化されたものがヒットしやすいが、英語だとダウンロード数や評価の高いアプリがヒットしやすい。見比べて、良さそうなアプリを選ぼう

028
ストレージ

microSDカードを挿入して使えるメモリを増やす

最大で1TBまでメモリを追加可能

本体搭載のメモリで足りないようなら、microSD カードを購入してメモリを追加しよう。多くの最新スマートフォンは microSD、microSDHC、microSDXC を 利 用 で き、microSDXC なら最大 1TB まで対応している（対応規格および対応容量は、機種によって異なるのでメーカーの公式サイトなどで確認しておこう）。利用するには、まず電源を切り、メモリ用のトレイを引き出す。トレイに microSD カードをセットして再度電源を入れよう。「設定」→「ストレージ」に「SD カード」が表示されれば、メモリがきちんと認識されている。

1 microSDカードを本体にセットする

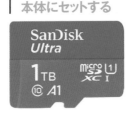

↓

本体の電源を切り、付属のツールやピン使ってトレイを引き出す。機種によってはカバーを開けてトレイを引き出すものもある。microSD カードをセットし、再度電源を入れよう。

2 microSDカードが認識された

タップすると SD カードのストレージ情報に切り替えできる

microSD カードが認識されると、通知パネルに表示される機種もある。基本的には「設定」→「ストレージ」に「SD カード」のメニューが表示されていれば OK だ。

3 データの確認や移動を行う

タップ

「Files」などの管理アプリを使って、microSD カード内のデータを確認しよう。内蔵メモリから SD カードへデータを移動することもできる。

電話・メール・LINE

スマートフォンには電話をもっと便利に使うための
機能も搭載されている。また、電話の機能を
強化するアプリを使えるのもAndroidならではだ。
ここでは、電話の便利技とGmailや
LINEの一歩進んだテクニックを公開する。

SECTION

2

029

着信拒否

マスト!

着信拒否を
詳細に設定する

着信拒否は
複数の手段を
使い分けよう

しつこい勧誘の電話や迷惑電話は、着信拒否機能で排除しよう。電話アプリの「設定」→「ブロック中の電話番号」→「番号を追加」で、着信拒否したい番号を追加できるほか、着信履歴から拒否することも可能だ。より細かく管理したいなら、「Calls Blacklist」などの着信拒否アプリを利用しよう。

APP

Calls Blacklist
作者／Vlad Lee
価格／無料

1 着信拒否したい
番号を追加する

電話アプリの右上にあるオプションメニューボタンから「設定」→「ブロック中の電話番号」→「番号を追加」をタップして、着信拒否したい番号を追加できる。

2 着信履歴から
着信拒否する

着信があった番号を拒否したい場合は、着信履歴をロングタップして、「ブロックして迷惑電話として報告」→「ブロック」をタップすれば拒否できる。

3 アプリで
着信拒否する

着信拒否をより細かく管理するには「CallsBlacklist」が便利。拒否したい番号を「ブラックリスト」タブに登録しておけば、着信を自動的に拒否してくれる。

030

通話

電話に出られない時は
メッセージで応対しよう

出られないことや
後でかけ直す旨を
SMSで送信する

会議中や移動中など電話で会話できない時、SMSで応答拒否メッセージを送信することができる。電話に出てコソコソと「後でかけ直します」と応答しなくても「会議中です。後でかけ直します」といった具体的な状況をテキストで届けることが可能なので、失礼な対応も避けられるはずだ。メッセージは標準で4つ用意されており、それぞれ自由に編集可能だ。例えば頻繁に電車移動をする人は「電車で移動中です。駅に着いたら折り返します」といったメッセージを用意しておけば使い勝手がよい。

1 着信の通知を
タップする

電話が着信すると画面上部にバナーとして通知される。「拒否」でも「応答」でもなく、名前や電話番号の表示部分をタップしよう。

2 電話着信画面から
SMSを送信する

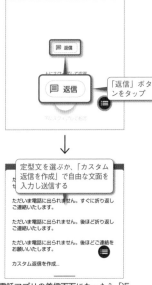

電話アプリの着信画面になったら、「返信」ボタンをタップする。定型文が表示されたら選んで送信しよう。

3 よく使うメッセージ
を編集、登録する

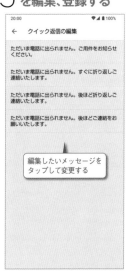

メッセージの定型文は編集も可能。電話アプリの画面右上にあるオプションメニューボタンをタップし、「設定」を開く。続けて「応答拒否SMS」や「クイック返信」をタップして、メッセージの編集を行おう。

O31 相手によって着信音を変更しよう

着信音

スマートフォンには多様なサウンドの着信音が用意されており、連絡先に登録されている人ごとに別々の音を割り当てることができる。また、端末に転送した音楽ファイルを着信音として設定することも可能だ。家族や友人の着信音だけ好みの音楽にしたり、重要な取引先だけサウンドを変更するなど、さまざまな設定パターンが考えられる。なお、音楽ファイルを着信音に設定する場合は、通常はイントロから再生されるが、着信音作成アプリ（機種によっては標準でインストールされている）で、鳴らしたい部分を指定可能だ。

「連絡帳」アプリで着信音を変更したい連絡先を選択し、右上のオプションメニューボタンから「着信音を設定」をタップ

本体内蔵の着信音が一覧表示されるので、好きなものを選択して「OK」をタップしよう。「端末内のファイル」や「音を追加」をタップすれば、端末内などの音楽ファイルを選択して、着信音にすることもできる

O32 電源ボタンを押して通話を終了できるようにする

電話

電話アプリで通話を終了するには、通話画面の下に大きく表示されている通話終了ボタンをタップすればいいが、通話を終えるのにいちいち画面を確認するのは煩わしい場合もあるだろう。そこで、「設定」→「ユーザー補助」→「システム操作」にある「電源ボタンで通話を終了」といった項目をオンにしておこう。本体側面の電源キーを押すだけで、すぐに通話を終了できるようになる。この設定を適用したあとも画面の「通話終了」ボタンは有効だ。なお、通話中に誤って電源ボタンを押さないよう注意が必要になる。

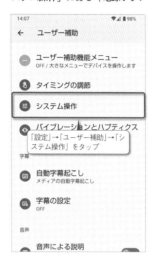

「設定」→「ユーザー補助」→「システム操作」をタップ

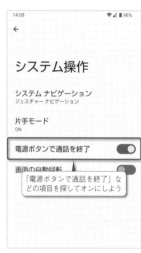

「電源ボタンで通話を終了」などの項目を探してオンにしよう

O33 留守電を文字と音声で受信する

電話

留守番電話に残されたメッセージ内容を、自動的にテキスト化してプッシュ通知してくれる、ソースネクストの留守番電話サービス。いちいち留守番電話サービスにかけ直さなくても、すぐにメッセージ内容を確認できる。利用料金は月額319円。

APP

スマート留守電
作者／SOURCENEXT CORPORATION
価格／無料

お疲れ様です青山です明日の予定についてお伺いしたいことがあったんですがまたあらためてお電話いたしますよろしくお願いします

留守番電話のメッセージが自動的にテキスト化され、プッシュ通知される。再生ボタンをタップすれば音声でも確認できる。メッセージをメールやLINE、Slackに転送することも可能だ

購入する前に、まず「留守電のテスト」をタップして動作を検証しておこう。テスト用の電話番号に発信すると、スマート留守電に接続され、メッセージを録音できる

O34 連絡先をラベルでグループ分けする

マスト！

連絡先

標準インストールされている「連絡帳」アプリでは、連絡先を「ラベル」でグループ分けすることもできる。連絡帳アプリを起動したら、左上の三本線ボタンをタップしてメニューを開き「ラベルを作成」をタップ。「仕事」や「友人」といったラベルを作成しておこう。あとはラベルを開いて右上の追加ボタンをタップし、連絡先を追加していけばよい。連絡先をひとつ選んでロングタップすると複数選択モードになるので、他の連絡先をタップして選択いけば、複数の連絡先をまとめて登録することが可能だ。

「連絡帳」アプリで三本線ボタンからメニューを開き、「ラベルを作成」をタップ。「仕事」や「友人」といったラベルを作成しておく

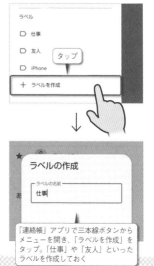

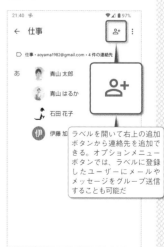

ラベルを開いて右上の追加ボタンから連絡先を追加できる。オプションメニューボタンでは、ラベルに登録したユーザーにメールやメッセージをグループ送信することも可能

035

連絡先

マスト！

連絡先のデータを
パソコンで編集する

Googleアカウントに保存してGoogleコンタクトで編集

スマートフォンで作成した連絡先は、保存先を Google アカウントにしておけば、同じ Google アカウントでログインしたタブレットや、パソコンの Web ブラウザからも、連絡先データの閲覧や編集を行える。大量の新規連絡先を登録する場合などは、スマートフォンでひとつひとつ入力していくよりも、パソコンで電話番号やメールアドレス、住所をまとめて入力していったほうが効率的で楽だ。Web ブラウザで「Google コンタクト」（https://contacts.google.com/）にアクセスして編集を行おう。

1 Googleコンタクトにアクセスする

「Google コンタクト」にアクセスし、スマートフォンと同じ Google アカウントでログイン。既存の連絡先にカーソルを合わせて鉛筆ボタンをクリックする。

2 連絡先情報を入力して「保存」をクリック

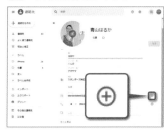

連絡先の編集モードになる。複数のメールや電話番号は、各項目の右端にある「＋」をクリックできる。入力を終えたら「保存」をクリック。

3 新規連絡先を作成するには

左上の「連絡先を作成」→「連絡先を作成」または「複数の連絡先を作成」をクリックすると、新規連絡先を作成できる。

4 連絡先を削除する

複数の連絡先の名前の横にあるチェックボックスにチェックし、オプションボタン（3つのドット）から「削除」をクリックすると削除できる。

036

連絡先

重複した連絡先を統合して整理する

連絡先を Google アカウントに同期しておけば、スマートフォンでもパソコンでも同じデータを利用できるが、複数の端末から連絡先を登録していると、同じ人のデータが重複してしまうことがある。そんな時は、連絡先データを統合しよう。Google の「連絡帳」アプリで「統合と修正」→「重複する連絡先の統合」をタップすれば、重複している連絡先の候補が表示され統合できる。統合する連絡先を自分で選択したい場合は、オプションメニューから「選択」をタップし、統合する連絡先を選択していけばよい。

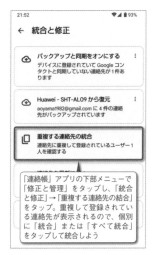

「連絡帳」アプリの下部メニューで「修正と管理」をタップし、「統合と修正」→「重複する連絡先の結合」をタップ。重複して登録されている連絡先が表示されるので、個別に「統合」または「すべて統合」をタップして統合しよう

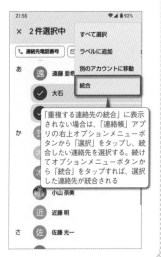

「重複する連絡先の統合」に表示されない場合は、「連絡帳」アプリの右上オプションメニューボタンから「選択」をタップし、統合したい連絡先を選択する。続けてオプションメニューボタンから「統合」をタップすれば、選択した連絡先が統合される

037

連絡先

誤って削除した連絡先を復元する

「Google コンタクト」の連絡先はクラウドに保存されているため、たとえばスマートフォンで連絡先を削除すると、他のデバイスとも同期され確認できなくなってしまう。しかし誤って連絡先を削除した場合でも 30 日以内であれば、連絡帳アプリの「修正と管理」→「ゴミ箱」に連絡先が残っており簡単に復元が可能だ。また連絡先に加えた変更を取り消し元に戻したい時は、「連絡帳の設定」→「変更を元に戻す」で、連絡先の状態を 10 分前／ 1 時間前／昨日／ 1 週間前か指定した日時の状態に戻せる。

連絡先が Google アカウントと同期されており、削除してから 30 日以内なら、連絡帳アプリの「修正と管理」→「ゴミ箱」に連絡先が残っている。復元したい連絡先をロングタップして選択し、「…」→「復元」で復元できる。ゴミ箱からも完全に削除してしまうと復元できないので注意しよう

連絡帳アプリで右上のアカウントボタンをタップして「連絡帳の設定」→「変更を元に戻す」をタップすると、連絡先の状態を 10 分前／ 1 時間前／昨日／ 1 週間前か、「手動で指定」で指定した日時の状態に戻せる。ゴミ箱からも完全に削除した連絡先は復元できない

038

メッセージ

マスト!

＋メッセージアプリを使ってみよう

大手キャリア3社が共同で提供するSMSの拡張サービス

電話番号宛てにメッセージを送受信するには「＋メッセージ」アプリを使おう。キャリアで購入したスマートフォンには最初からインストールされており、「＋メッセージ」ユーザー同士なら、全角2,730文字までのテキストや、写真、動画、LINEのようなスタンプを使ってメッセージをやり取りできる。ただし「＋メッセージ」を使っていない相手にはSMS／MMSでの送信となる。なお、GoogleのPixelシリーズや一部の格安スマホは、「＋メッセージ」ではなくGoogle標準の「メッセージ」がデフォルトのSMSアプリになっている。

1 新しいメッセージを作成する

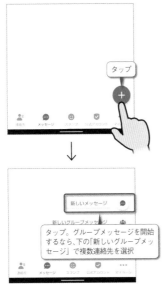

「＋メッセージ」を起動し、各種アクセス権限などの設定を済ませたら、「メッセージ」画面右下の「＋」→「新しいメッセージ」をタップしよう。

2 連絡先一覧から送信相手を選択する

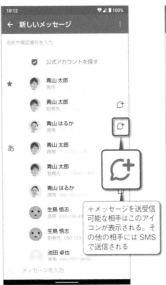

＋メッセージを送受信可能な相手はこのアイコンが表示される。その他の相手にはSMSで送信される

連絡先一覧から送信相手を選択するか、上部の入力欄に直接相手の電話番号を入力する。

3 メッセージやスタンプをやり取りする

「メッセージを入力」欄にメッセージを入力し、送信ボタンで送信。相手が＋メッセージなら、画像やスタンプの送受信も可能だ。

電話・メール・LINE

039

メッセージ

よくメッセージする相手を一番上に固定

＋メッセージでやり取りしている特定の相手やグループを、見やすいように常に一番上に表示しておきたい場合は、ピン機能を利用しよう。まずメッセージ一覧画面で、固定したいメッセージをロングタップして選択状態にし、右上のオプションメニューボタン（3つのドット）をタップ。メニューから「ピンで固定する」をタップすれば、このメッセージが最上部に固定表示されるようになる。固定したメッセージをロングタップし、オプションメニューボタンで「ピンを解除する」をタップすれば、固定を解除できる。

固定したいメッセージをロングタップして選択し、オプションメニューから「ピンで固定する」をタップすれば、このメッセージが最上部に固定表示される。複数固定した場合は、更新のある最新メッセージが最上部に表示される

固定を解除したい場合は、固定したメッセージをロングタップして選択し、オプションメニューから「ピンを解除する」をタップ

040

メッセージ

相手ごとにメッセージの通知を設定する

＋メッセージでは、特定の相手やグループからの通知を、一時的に停止することもできる。まずメッセージ一覧画面で、停止したいメッセージをロングタップして選択状態にし、右上のオプションメニューボタン（3つのドット）をタップ。メニューから「通知設定」をタップしよう。「1時間通知をOFF」「08:00まで通知をOFF」「受信通知をOFF」から選択できる。通知をオンに戻したい場合は、オフにしたメッセージをロングタップして選択し、オプションメニューから「受信通知をON」をタップすればよい。

通知をオフにしたいメッセージをロングタップして選択し、オプションメニューから「通知設定」をタップしよう

通知設定
- 1時間通知をOFF
- 08:00まで通知をOFF
- 受信通知をOFF
- ● 受信通知をON

通知を一定時間だけ停止するなら「1時間通知をOFF」か「08:00まで通知をOFF」にチェック。この相手からの通知を常にオフにするなら「受信通知をOFF」にチェックすればよい

25

041

PC連携

電話やメッセージをパソコンからも利用できるようにする

Windowsとスマートフォンを連携させる

パソコンに向かって作業中に、離れたところで電話が鳴った場合、わざわざ席を立ってスマートフォンを手に取らなくても大丈夫。Windows 10以降に標準で用意されている「スマートフォン連携」(Phone Link) アプリと、スマホにインストールした「Windowsにリンク」アプリの設定を済ませることで、パソコンの画面から電話の発着信を行えるのだ。Bluetoothを経由して連携するため、Bluetooth接続のヘッドセットだとうまく通話できない場合がある点に注意しよう。また、スマホで撮影した写真をパソコンで表示したり、スマホに届いた通知をパソコンで確認することもできる。

そのほか、スマホに届いたSMSを確認することも可能だ。ただし、「スマートフォン連携」アプリで同期できるのは、Android標準の「メッセージ」アプリに届いたSMSのみ。「＋メッセージ」の内容は同期されないので、あらかじめ標準の「メッセージ」をデフォルトのメッセージアプリとして設定しておこう。また、標準の「メッセージ」にはWeb版も用意されており、メッセージアプリ側で「デバイスをペア設定」を設定するだけで、Webブラウザから簡単にSMSを送受信できる。パソコンでSMSを利用するだけなら、Web版メッセージを使ったほうが手軽だ。

APP

Windowsにリンク
作者／Microsoft Corporation
価格／無料

「スマートフォン連携」と「Windowsにリンク」の使い方

1 スマートフォン連携アプリを設定する

Windowsで「スマートフォン連携」アプリを起動し、画面の指示に従い設定を進める。「Windowsにリンクアプリの準備ができました」にチェックし、「QRコードにペアリング」をクリックしよう。

2 Windowsにリンクアプリを設定する

スマートフォンに「Windowsにリンク」アプリをインストールして起動。「モバイルデバイスとPCをリンクする」→「続行」をタップし、パソコン側に表示されたQRコードを読み取ろう。Microsoftアカウントでサインインしてもよい。

3 アクセス許可を済ませて完了

パソコン側とスマートフォン側のそれぞれで、アクセス許可などの設定を済ませれば、パソコンの「スマートフォン連携」アプリで、スマートフォンのデータにアクセスできるようになる。

4 電話やメッセージをパソコンから使う

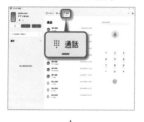

Windowsの「スマートフォン連携」アプリで、上部メニューから「通話」画面を開くと、パソコンから電話を発着信でき、通話履歴なども表示される。また「メッセージ」画面を開くと、パソコンからメッセージを送受信できる。

5 メッセージアプリのWeb版を利用する

デフォルトで使用するSMSアプリは、「設定」→「アプリ」→「デフォルトのアプリ」→「SMSアプリ」で変更できる。「＋メッセージ」からGoogleの「メッセージ」に変更したい際などにチェックしよう

パソコンでSMSを送受信するだけなら、「スマートフォン連携」を使うよりも、メッセージアプリのWeb版を使った方がスムーズだ。まず、スマホのメッセージアプリの画面左上にある三本線ボタンでメニューを開き、「デバイスをペア設定」をタップする。

6 Web版メッセージと同期する

このパソコンの情報を保持する

オンにしておくと次回以降の設定が不要になる

パソコンのWebブラウザでhttps://messages.google.com/webにアクセスし、QRコードを表示させたら、「QRコードスキャナ」をタップして読み取ろう。Webブラウザ上でメッセージを送受信できるようになる。

Googleの高機能無料メール Gmailを利用しよう

Google アカウントで利用できる便利なメールサービス

Android スマートフォンでは、Play ストアでのアプリ購入時などに「Google アカウント」の登録が必須となる。Google アカウントを取得すると、自動的に「Gmail」のメールアドレスが割り当てられる。

この Gmail は、無料ながら 15GB もの大容量を利用でき、ほとんどの迷惑メールを自動でシャットアウトしてくれるなど、非常に使いやすいメールサービスだ。他にも、強力なメール検索や、「ラベル」「フィルタ」を使ったメールの自動分類、添付ファイルの Google ドライブ保存など、さまざまな便利機能を備えている。特に便利なのが、同じ Google アカウントでログインするだけで、他のスマートフォンや iPhone、パソコンなど、さまざまなデバイスでも、同じメールを利用できるようになる点。機種変更時などのメール移行が簡単になるので、これまで携帯のキャリアメールをメインに使っていた人も、この機会に Gmail に乗り換えることをオススメする。

Gmail の公式アプリは、「Google」フォルダ内に最初から用意されている。POP3 ／ IMAP アカウントも追加できるので、自宅や会社のメールアカウントを追加して、Gmail アプリ内でアカウントを切り替えて送受信することも可能だ。なお、自宅や会社のメールでもラベル機能やフィルタ機能を使いたい場合は、No043 で解説している手順に従って設定を済ませよう。

新規メールを作成して送信する

1 新規作成ボタンをタップする

スマートフォンに Google アカウントを追加済みなら、Gmail アプリを起動した時点でメールを利用できる。メールを作成するには、画面右下のボタンをタップ。

2 メールの宛先を入力する

Gmail に連絡先へのアクセスを許可しておけば、「To」欄にメールアドレスや名前の入力を始めた時点で、連絡先内の宛先候補がポップアップ表示されるので、これをタップ。

3 件名や本文を入力して送信

件名や本文を入力し、上部の送信ボタンをタップすればメールを送信できる。作成途中で受信トレイなどに戻った場合は、自動的に「下書き」に保存される。

受信したメールを読む／返信する

1 読みたいメールをタップする

受信トレイでは未読メールの送信元や件名が黒い太字で表示される。既読メールは文字がグレーになる。読みたいメールをタップしよう。

2 メール本文の表示画面

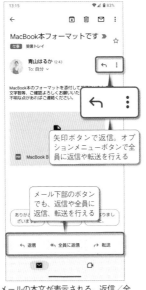

メールの本文が表示される。返信／全員に返信／転送は、送信者欄右のボタンやメール最下部のボタンから行える。

POINT

Gmailアプリに自宅や会社のアカウントを追加する

メニューから「設定」→「アカウントを追加する」で「その他」をタップすると、自宅や会社のアカウントを追加してGmailアプリで送受信できる。受信トレイなどの画面右上にあるユーザーボタンをタップすると、追加した他のアカウントが表示されるので、タップして切り替えよう。

電話・メール・LINE

27

043

Gmail

マスト！

Gmailアカウントに会社やプロバイダメールを登録する

会社や自宅のメールは「Gmailアカウント」に設定して管理しよう

No042で解説した「Gmail」公式アプリには、会社や自宅のメールアカウントを追加して送受信することもできる。ただし、単にGmailのアプリに他のアカウントを追加するだけの方法では、スマートフォンで送受信した自宅や会社のメールは他のデバイスと同期されず、Gmailのサービスが備えるさまざまな機能も利用できない。

そこで、自宅や会社のメールを「Gmailアプリ」に設定するのではなく、「Gmailアカウント」に設定してみよう。アカウントに設定するので、同じGoogleアカウントを使ったタブレットやiPhone、パソコンで、まったく同じ状態の受信トレイ、送信トレイを同期して利用できる。また、ラベルとフィルタを組み合わせたメール自動振り分けや、ほとんどの迷惑メールを防止できる迷惑メールフィルタ、メールの内容をある程度判断して受信トレイに振り分けるカテゴリタブ機能など、Gmailが備える強力なメール振り分け機能も、会社や自宅のメールに適用することが可能だ。Gmailのメリットを最大限活用できるので、Gmailアプリを使って会社や自宅のメールを管理するなら、こちらの方法をおすすめする。

ただし、設定するにはWeb版Gmailでの操作が必要だ。パソコンのWebブラウザ、またはスマートフォンのWebブラウザをPC版サイト閲覧に変更した上で、https://mail.google.com/ にアクセスしよう。

自宅や会社のメールをGmailアカウントで管理する

1 Gmailにアクセスして設定を開く

ブラウザでWeb版のGmailにアクセスしたら、歯車ボタンのメニューから「すべての設定を表示」→「アカウントとインポート」タブを開き、「メールアカウントを追加する」をクリック。

2 Gmailで受信したいメールアドレスを入力

別ウィンドウでメールアカウントを追加するウィザードが開く。Gmailで受信したいメールアドレスを入力し、「次のステップ」をクリック。

3 「他のアカウントから〜」にチェックして「次へ」

追加するアドレスがYahoo、AOL、Outlook、Hotmailなどであれば、Gmailify機能で簡単にリンクできるが、その他のアドレスは「他のアカウントから〜」にチェックして「次へ」。

4 受信用のPOP3サーバーを設定する

POP3サーバー名やユーザー名／パスワードを入力して「アカウントを追加」。「〜ラベルを付ける」にチェックしておくと、後でアカウントごとのメール整理が簡単だ。

5 送信元アドレスとして追加するか選択

このアカウントを送信元にも使いたい場合は、「はい」にチェックしたまま「次のステップ」を選択。この設定は後からでも「設定」→「アカウント」→「メールアドレスを追加」で変更できる。

6 送信元アドレスの表示名などを入力

「はい」を選択した場合、送信元アドレスとして使った場合の差出人名を入力して「次のステップ」をクリック。

7 送信用のSMTPサーバーを設定する

追加した送信元アドレスでメールを送信する際に使う、SMTPサーバの設定を入力して「アカウントを追加」をクリックすると、アカウントを認証するための確認メールが送信される。

8 確認メールで認証を済ませて設定完了

ここまでの設定が問題なければ、確認メールがGmail宛てに届く。「確認コード」の数字を入力欄に入力するか、「下記のリンクをクリックして〜」をクリックすれば、認証が済み設定完了。

9 Gmailで会社や自宅のメールを管理

プロバイダメールをGmailでまとめて受信できるようになった。手順4で「ラベルを付ける」にチェックしていれば、追加したアカウントのラベルで、プロバイダメールのみを確認できる

28

044
Gmail

ラベルやフィルタ機能で Gmailを柔軟に管理する

メールをラベルで分類してフィルタで自動振り分け

Gmailのメールを整理するのに、特に便利なのが「ラベル」と「フィルタ」機能だ。ラベルはカテゴリ別にメールを分類するもので、あらかじめ「仕事」「プライベート」といったラベルを作成しメールに付けておけば、メールを効率的に管理できる。さらに、フィルタ機能でルールを設定すれば、特定の差出人からのメールに「仕事」ラベルを付けたり、特定のワードを含む件名のメールを既読にするなど、自動振り分けが可能になる。なお、ラベルの作成やフィルタの設定は、Web版のGmailで行う必要がある。

1. あらかじめラベルを作成しておく

Web版Gmailで、歯車ボタンのメニューから「すべての設定を表示」→「ラベル」タブで「新しいラベルを作成」をクリック。あらかじめ「仕事」「プライベート」といったラベルを作成しておく。

2. 振り分けたいメールを開く

ラベルを作成したら、続けて自動的にラベルを付けたい相手のメールを開こう。「…」→「メールの自動振り分け設定」をクリック。

3. フィルタ条件を設定する

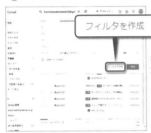

振り分け条件の設定画面が開く。メールの送信元アドレスや、件名などを条件に指定して、「フィルタを作成」をクリック。

4. フィルタの処理内容を設定する

「ラベルを付ける」にチェックしてラベルを選択し、「フィルタを作成」をクリックすれば自動的にラベルが付くようになる。「○件の一致する〜」にチェックで過去のメールにも適用される。

045
Gmail

メール送信前や削除前に最後の確認を行う

Gmailアプリは標準の設定だと、メールの送信ボタンを押した時点ですぐにメールを送信するが、これだとファイルの添付忘れなどミスが起きやすい。「設定」→「全般設定」で、「送信前に確認する」にチェックしておけば、送信ボタンをタップした際に確認メッセージが表示され、誤送信を未然に防げる。また「削除前に確認する」「アーカイブする前に確認する」にもチェックを入れておけば、メールを削除したりアーカイブする前に、同じく確認メッセージが表示されるようになる。

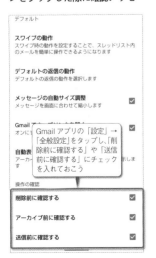

Gmailアプリの「設定」→「全般設定」をタップし、「削除前に確認する」や「送信前に確認する」にチェックを入れておこう

送信ボタンをタップした際に、確認メッセージが表示されるようになる。メールの削除やアーカイブ時も同様に確認メッセージが表示される

046
Gmail

メールの送信を取り消す

Gmailには「送信取り消し」機能が備わっており、メールを送信したあとでもしばらくの間は送信を取り消すことが可能だ。メールを送信すると、下部に「送信しました」というメッセージが表示され、その横に「元に戻す」ボタンが一定時間表示される。これをタップすれば、送信がキャンセルされて元のメール作成画面に戻る。なお、メールを送信してから取り消せるまでの時間は標準だと5秒に設定されているが、最大で30秒までに変更することもできる。ただしWeb版Gmailでの操作が必要となる。

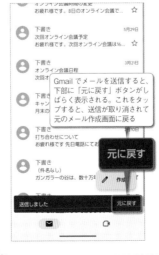

Gmailでメールを送信すると、下部に「元に戻す」ボタンがしばらく表示される。これをタップすると、送信が取り消されて元のメール作成画面に戻る

Web版Gmailで、歯車ボタンのメニューから「すべての設定を表示」→「全般」タブを開くと、「送信取り消し」の項目で取り消せる時間を5、10、20、30秒に変更できる

047
Gmail

メールはシンプルに新着順に一覧表示したい

Gmailでは、返信でやり取りした一連のメールが、「スレッド」としてまとめて表示されるようになっている。ただスレッドでまとめられてしまうと、複数回やり取りしたはずのメールが1つの件名でしか表示されないので、他のメールに埋もれてしまいがちだ。

スレッドだとメールを見つけにくかったり使いづらいと感じるなら、シンプルに新着順でメールが一覧表示されるように設定を変更しておくといい。Gmailの「設定」でアカウントを選択し、「スレッド表示」のチェックを外してオフにしておこう。

スレッド表示がオンだと、返信でやり取りした一連のメールが、このようにまとめて表示される

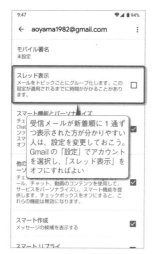

受信メールが新着順に1通ずつ表示された方が分かりやすい人は、設定を変更しておこう。Gmailの「設定」でアカウントを選択し、「スレッド表示」をオフにすればよい

048
Gmail

メールの左右スワイプで行える動作を変更する

Gmailのメール一覧画面では、メールを左右にスワイプすることですばやくアーカイブできるようになっている。このスワイプの動作は、左スワイプと右スワイプで、それぞれ別の機能を割り当てることが可能だ。Gmailのサイドメニューから「設定」→「全般設定」→「スワイプの動作」をタップ。右スワイプと左スワイプそれぞれの「変更」ボタンをタップすると、「アーカイブ」のほかに「削除」「既読または未読にする」「移動」「スヌーズ」「なし」から選択できる。よく使う機能を割り当てておこう。

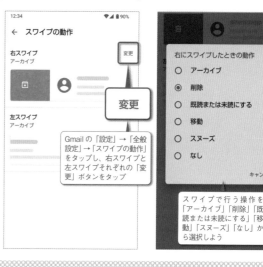

Gmailの「設定」→「全般設定」→「スワイプの動作」をタップし、右スワイプと左スワイプそれぞれの「変更」ボタンをタップ

スワイプで行う操作を「アーカイブ」「削除」「既読または未読にする」「移動」「スヌーズ」「なし」から選択しよう

049
Gmail

重要なメールだけ通知するよう設定する

特定のラベルのみ受信を通知できる

Gmailでは、重要なメールにラベルを設定しておく（No044で解説）ことで、そのラベルに届くメールのみ通知させることができる。Gmailの「設定」→「ラベルの管理」からラベルを選択して設定しよう。ただし、特定のラベルのみサウンドを変えたり、通知ドットのみにするといった細かな設定はできない。仕事用やプライベート用など複数のGmailアカウント（アドレス）を使い分けているなら、通知はアカウントごとに個別設定できるので、仕事用アドレスのみサウンドを鳴らすといった設定も可能だ。

1 「ラベルの管理」をタップする

あらかじめNo047の手順で重要な相手や条件のメールでラベルを作成しておこう。続けて、Gmailの「設定」を開いてアカウントを選択し「ラベルの管理」をタップ。

2 特定のラベルのみ通知させる

チェックしてメールを同期

チェックするとこのラベルのメールが通知される。「メイン」など、他のラベルの「ラベル通知」はチェックを外しておこう

ラベルを選択したら、まず「メールの同期」をタップし、「過去30日間」か「すべて」を選んでメールを同期させておく。あとは「ラベル通知」にチェックすると、このラベルのメールだけが通知される。

3 アカウントごとに個別設定するには

複数のアカウントを使い分けているなら、「設定」→「アプリ」→「Gmail」→「通知」で、仕事用アドレスのみサウンドを鳴らすといった個別の通知設定が可能だ

050
Gmail

Gmailを詳細に検索できる演算子を利用する

複数の演算子でメールを効果的に絞り込む

Gmail のメールは、画面上部の検索欄でキーワード検索ができ、ラベルやフィルタでも細かく整理しておけるが、メールの数が増えてくると、なかなかピンポイントで目的のメールだけを探し出すのは難しい。そこで、「演算子」と呼ばれる特殊なキーワードを覚えておこう。ただ名前やアドレス、単語で検索するだけではなく、演算子を加えることで、より精密な検索が行える。複数の演算子を組み合わせて絞り込むことも可能だ。ここでは、よく使われる主な演算子をピックアップして紹介する。

Gmailで利用できる主な演算子

from: …… 送信者を指定

to: …… 受信者を指定

subject: …… 件名に含まれる単語を指定

OR …… A OR Bのいずれか一方に一致するメールを検索

-（ハイフン） …… 除外するキーワードの指定

" "（引用符） …… 引用符内のフレーズを含むメールを検索

after: …… 指定日以降に送受信したメール

before: …… 指定日以前に送受信したメール

label: …… 特定ラベルのメールを検索

filename: …… 添付ファイルの名前や種類を検索

has:attachment …… 添付ファイル付きのメールを検索

演算子を使用した検索の例

from:aoyama

送信者のメールアドレスまたは送信者名に「aoyama」が含まれるメールを検索。大文字と小文字は区別されない。

after:2018/06/20

2018年6月20日以降に送受信したメールを指定。「before:」と組み合わせれば、指定した日付間のメールを検索できる。

from:青山 OR from:西川

送信者が「青山」または「西川」のメッセージを検索。「OR」は大文字で入力する必要があるので要注意。

from:青山 "会議"

送信者名が「青山」で、件名や本文に「会議」を含むメールを検索。英語の場合、大文字と小文字は区別されない。

from:青山 subject:会議

送信者名が「青山」で、件名に「会議」が含まれるメールを検索。送信者名は漢字やひらがなでも指定できる。

filename:pdf

PDFファイルが添付されたメールを検索。本文中にPDFファイルへのリンクが記載されているメールも対象となる。

051
Gmail

Gmailですべてのメールをまとめて既読にする

まとめて既読にするにはWeb版Gmailでの操作が必要

溜まった未読メールをまとめて既読にしたい場合、Gmailアプリでは一括処理ができないので、Web版Gmailで操作しよう。まず、受信トレイなど既読処理したいメールボックスやラベルを開いて、左上の一括選択ボタンにチェック。すると「○○のスレッド○○件をすべて選択」というメッセージが表示されるので、これをクリックすれば、表示中の画面だけでなく、過去のメールもすべて選択状態になる。あとはオプションメニューの「既読にする」で、まとめて既読にできる。

1 一括選択ボタンにチェックを入れる

ブラウザで Web 版 Gmail にアクセスしたら、一括既読にしたい受信トレイやラベルを開こう。続けて、左上にあるチェックボックスにチェックを入れると、表示中のスレッド（メール）にすべてチェックが入り選択状態になる。

2 表示中以外のメールも選択状態にする

この状態では、表示中のページのスレッド（メール）しか選択されていないので、タブの上部に表示されている「○○のスレッド○○件をすべて選択」をクリックしよう。これで、すべてのメールが選択された状態になる。

3 「既読にする」でまとめて既読にする

あとは、上部メニューのオプションメニューから「既読にする」をクリック。表示される確認画面で「OK」をクリックすれば、すべてのメールが既読になる。同じ操作で未読に戻したり、スターなどを付け外しすることも可能だ。

052

Gmail

日時を指定して
メールを送信する

Gmailなら
メールの予約
送信が可能

期日が近づいたイベントのリマインドメールを送ったり、深夜に作成したメールを翌朝になってから送りたい時に便利なのが、Gmailの予約送信機能だ。メールを作成したら、送信ボタン横のオプションボタン（3つのドット）をタップ。「送信日時を設定」をタップすると、「明日の朝」「明日の午後」「月曜日の朝」など送信日時の候補から選択できる。また、「日付と時間を選択」で送信日時を自由に指定することも可能だ。これで、あらかじめ下書きしておいたメールが、指定した日時に予約送信される。

1 送信日時を設定をタップする

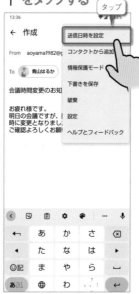

Gmailアプリで新規メールを作成したら、右上のオプションボタン（3つのドット）をタップ。続けて「送信日時を設定」をタップしよう。

2 予約送信する日時を選択する

メール作成時の時間帯に応じて、「明日の朝」「今日の午後」「月曜日の朝」などの日時が表示されるので、予約送信したい時間をタップしよう。

3 予約送信の日時を自分で設定する

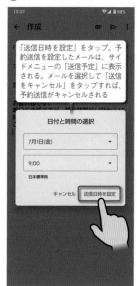

「日付と時間を選択」をタップすると、メールを予約送信する日時を自由に設定できる。設定を終えたら「送信日時を設定」をタップしよう。

053

LINE

LINEで特定の
相手の通知を
オフにする

LINEの通知が止まるのは困るけど、大人数が参加しているグループなどでトークが盛り上がり、新着トークの通知が止まらなくてうるさい、という場合は、そのグループの通知だけを一時的にオフにすることが可能だ。グループのトーク画面を開いたら、上部右上の三本線ボタンをタップしてメニューを開き、「通知オフ」のボタンをタップすればよい。もう一度タップすれば通知オンに戻る。なお、LINEのアイコンに新着の件数を表示するバッジは、個別にオフにすることができない。

通知をオフにしたい特定の相手やグループのトーク画面を開いたら、右上の三本線ボタンをタップして「通知オフ」ボタンをタップ

トーク相手・グループの名前の横に消音マークが付き、通知がオフになる。再度通知させたい場合は「通知オン」をタップすればよい

054

LINE

LINEで特定の
相手とのトーク画面を
素早く表示

LINEで毎日やり取りする特定の相手やグループがある場合、いちいちLINEを起動してトーク画面までたどるのはちょっと面倒だ。そこで、トーク画面右上の三本線ボタンから「その他」→「トークショートカットを作成」をタップして、ワンタップでトーク画面を開くことができるアイコンをホーム画面に配置しておこう。無料通話もよく利用するなら、「音声通話のショートカットを作成」でショートカットを作成しておくのも便利。アイコンをタップして発信ボタンをタップすると、すぐに無料通話をかけられる。

頻繁にやり取りする相手とのトーク画面を開いたら、右上の三本線ボタンをタップし、続けて「その他」→「トークショートカットを作成」→「ホーム画面に追加」をタップする

ホーム画面にショートカットが作成された。アイコンをタップするだけで、すぐにこの相手とのトーク画面が開く

055
LINE

LINEで既読を付けずに
メッセージを読む

相手に気づかれずにメッセージを読む裏技アプリ

LINEのトーク機能に搭載されている既読通知は、相手がメッセージを読んだかどうか確認できて便利な反面、受け取った側は「読んだからにはすぐに返信しなければ」というプレッシャーに襲われがちだ。このアプリを使えば、既読を付けずにメッセージを確認でき、余計なストレスから解放されるはずだ。

APP
あんりーど
作者／Curande Apps
価格／無料

1 指示に従って初期設定を済ませる

アプリを起動したら、画面の指示に従って、各種アクセスの許可や「通知へのアクセス」をオンにして、初期設定を済ませよう。

2 メッセージが届いたら通知パネルを確認

メッセージが届き、通知されたら、通知パネルを引き出して「あんりーど」の通知をタップ。ここでLINEの通知をタップすると、既読が付いてしまうので要注意。

3 既読を付けずにメッセージを読む

あんりーどが起動し、既読通知を回避してメッセージを読むことができる。なお、受信したスタンプも既読を付けずに確認することが可能だ。

056
LINE

LINEでブロックされているかどうかを確認する

LINEで友だちにブロックされているかどうか判別する方法を紹介しよう。まずスタンプショップで有料スタンプを選び、「プレゼントする」をタップ。ブロックを確認したいユーザーを選び「選択」をタップする。「すでにこのスタンプを持っているためプレゼント

できません。」が表示された場合は、ブロックされている可能性が高い。もちろん、相手が実際にそのスタンプを持っていることもあるので、相手が持っていなさそうな複数のスタンプを使ってチェックしてみよう。

スタンプショップで、相手が持っていなさそうなスタンプを選択。「プレゼントする」をタップする

ブロックを確認したいユーザーにチェックを入れ、画面下部の「OK」をタップ。「このスタンプを持っているためプレゼントできません。」と表示されたらブロックされている可能性がある

057
LINE

IDを使わず離れている相手を友だちに追加

LINEで見知らぬ相手から勝手に友だち追加されるのを防ぐには、LINEの「設定」→「友だち」で「友だち自動追加」と「友だちへの追加を許可」をオフにして、IDも登録しないのがおすすめだ。この設定を施した上で、離れた相手を友だちに追加したい場合は、「QR

コード」を使えばよい。「友だち追加」から自分のQRコードを表示し、その画像を共有ボタンから相手に送ろう。相手がLINEでQRコードを読み取れば、相手が自分を友だちに追加でき、自分の方でも「知り合いかも？」から相手を友だち追加できる。

「ホーム」画面上部の友だち追加ボタンをタップし、「QRコード」をタップすると、QRコードリーダーが表示される。「マイQRコード」をタップ

自分のQRコードが表示される。下部の共有ボタンをタップし、メールやメッセージでQRコードを相手に送ろう。相手がLINEのQRコードリーダーで読み取れば、友だちとして追加される

058
LINE

LINEの通知を一時的に停止する

　ホーム画面やアプリ一覧画面のLINEアイコンをロングタップし、メニューから「通知の一時停止」をタップすると、LINEの通知を1時間、または午前8時まで停止できる。集中して勉強したい場合や就寝前など、LINEの通知が邪魔なときに利用しよう。指定時間が経過すると、通知は自動的にオンに戻る。今すぐ通知をオンに戻したい場合は、「通知を再開」をタップすればよい。なお、LINEアプリの「友だち」画面右上の歯車ボタンをタップし、「通知」→「一時停止」をタップして設定することもできる。

ホーム画面のLINEアイコンをロングタップし、「通知の一時停止」をタップ。または、LINEの設定から「通知」→「一時停止」をタップする

LINEの通知を一時的に停止する期間を設定できる。「1時間停止」または「午前8時まで停止」をタップしてチェックしよう

059
LINE
マスト！

LINEの送信済みメッセージを取り消す

　LINEで誤って送信してしまったメッセージは、送信から24時間以内であれば、相手のトーク画面から消すことが可能だ。1対1のトークはもちろん、グループトークでもメッセージを取り消しできる。テキストだけではなく写真やスタンプ、動画なども対象だ。また、未読、既読、どちらの状態でも行える。ただし、相手に届いた通知内容までは取り消せないほか、相手のトーク画面には、「メッセージの送信を取り消しました」と表示され、取り消し操作を行ったことは伝わってしまうので注意しよう。

取り消したいメッセージをロングタップし、表示されたメニューから「送信取消」をタップ

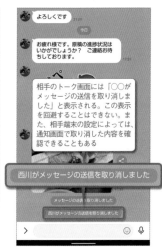

相手のトーク画面には「○○がメッセージの送信を取り消しました」と表示される。この表示を回避することはできない。また、相手端末の設定によっては、通知画面で取り消した内容を確認できることもある

060
LINE

未読スルーを防ぐトーク送信テクニック

　LINEで送ったメッセージに既読も付けず未読スルーする相手には、少し送り方を変えてみよう。未読スルーする相手は、通知画面のプレビューなどで内容をある程度把握しつつ、既読にすると返事をしなければならないから、しばらく未読で放置するパターンが多い。そこで、メッセージを送信したのち、すぐスタンプを送信してみよう。通知画面やトーク一覧画面では「スタンプを送信しました」としか表示されず、その前に送った本文の内容を確認できないので、相手はメッセージを開いて読むしかなくなる。

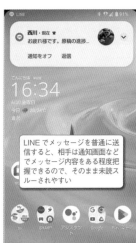

LINEでメッセージを普通に送信すると、相手は通知画面などでメッセージ内容をある程度把握できるので、そのまま未読スルーされやすい

そこで、メッセージに続けてスタンプを送信してみよう。通知画面などでは最後にスタンプが送られたことしか確認できないので、相手にメッセージの中身が気になるよう仕向けることができる

061
LINE
マスト！

LINEで友だちの名前を変更する

　LINEの友だちは、本人が設定した名前で表示されるので、呼び慣れていない名前で表示されると、どれが誰だか分からなくなってしまう。そんな時は、友だちの名前をタップしてプロフィール画面を開き、名前の横の鉛筆ボタンをタップしよう。表示名を自分で好きな名前に変更できる。あくまで自分のLINE上で表記が変わるだけなので、変更した名前が相手に伝わることはない。元の表示名に戻したい場合は、再度プロフィール画面の鉛筆ボタンをタップして、「友だちが設定した名前」にある名前をタップすればよい。

友だちの名前をタップしてプロフィール画面を開き、名前の横にある鉛筆ボタンをタップする

表示名の変更画面になるので、好きな名前に変更して「保存」をタップ。元の名前に戻すには上部の「友達が設定した名前」にある名前をタップして「保存」をタップすればよい

062
LINE

LINEの無料通話の着信音を無音にする

LINEの通知設定画面で「通知」をオフにすれば、メッセージの着信音を無音にできるが、LINE無料通話の着信音は消すことができない。これを無音にしたい場合は、「LINE着うた」で無音の着信音を設定しよう。LINE着うたは月に1回までなら無料で変更でき

る。まずLINEで設定を開いて「通話」→「着信音」→「LINE MUSICで着信音を作成」をタップ。LINE MUSICが起動（アプリのインストールが必要）するので、「無音」などをキーワードに無音の着信音を検索し、設定すればよい。

ホーム画面右上の歯車ボタンで設定を開いて「通話」→「着信音」→「LINE MUSICで着信音を作成」をタップ

LINE MUSICアプリが起動するので、キーワードで無音の着信音を検索して選択し、「編集」をタップ。曲を保存すれば無音の着信音として設定できる

063
LINE

よくLINEをする相手を一番上に固定

LINEでやり取りしている特定の相手やグループを、見やすいように常に一番上に表示しておきたい場合は、ピン機能を利用しよう。まずトーク一覧画面を開いたら、固定したいトークをロングタップしてメニューを開き、「ピン留め」をタップ。すると、このトークが

最上部に固定表示されるようになる。なお、右上のオプションメニューボタン（3つのドット）のメニューで「トークを並べ替える」をタップすると、トークを「受信時間」「未読メッセージ」「お気に入り」順に並べ替えることもできる。

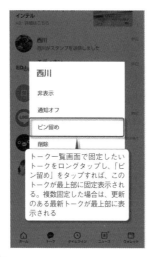

トーク一覧画面で固定したいトークをロングタップし、「ピン留め」をタップすれば、このトークが最上部に固定表示される。複数固定した場合は、更新のある最新トークが最上部に表示される

右上のオプションメニューから「トークを並べ替える」で、並び順の変更も可能。よくやり取りする相手は、プロフィール画面で☆ボタンをタップしてお気に入りに登録しておけば、「お気に入り」順に並べ替えてアクセスしやすくなる

064
LINE

マスト！

グループトークで相手を指定してメッセージ送信

大人数のグループトークで会話していると、特定の人に宛てたメッセージも他のトークに紛れて流されがちだ。そんなときに便利なのがメンション機能。グループトークのメッセージ入力欄に「@」をすると、グループトークのメンバーが一覧表示されるので、指名

したい人を選択。入力欄に「@（相手の名前）」が入力されるので、続けてメッセージを入力し送信しよう。トークルームやプッシュ通知で、指名された人の名前が見やすく表示され、誰宛てのメッセージかひと目で分かるようになる。

グループトークのメッセージ入力欄に「@」を入力し、メンバー一覧から指名したい相手を選択。「@（相手の名前）」に続けてメッセージを入力し送信しよう

メンションがリンク表示されるので、誰宛てのメッセージかひと目で分かるようになる。また自分宛てのメンションがあれば、通知で「メンションされました」と表示される

065
LINE

LINEのトークスクショを使ってみよう

LINEでのやり取りを第三者に伝えたいときは、スクリーンショットで送るのが手っ取り早いが、LINEにはもっと便利な「トークスクショ」機能が用意されている。この機能なら見せたいトークだけを選択して、画像として端末に保存したり、他のユーザーにそ

のまま画像で送信できるのだ。2つ3つのやり取りだけを保存したり、逆に画面内に収まりきらない長いやり取りを1枚の画像として保存することもできる。また、トーク画面の名前やアイコンを、ダミーに置き換えて隠すプライバシー機能も備えている。

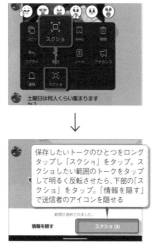

保存したいトークのひとつをロングタップし「スクショ」をタップ。スクショしたい範囲のトークをタップして明るく反転させたら、下部の「スクショ」をタップ。「情報を隠す」で送信者のアイコンを隠せる

左下のボタンをタップすると他のトークに送信でき、右下のボタンで端末に保存できる。鉛筆ボタンをタップすると、トークスクショした画面内に文字や指示を書き込める

066
LINE

LINEの通話履歴を一覧表示する

LINEの音声通話やビデオ通話の履歴を確認したい場合、相手を選んでトーク画面を開き、画面をスクロールしてチェックしていくという面倒な手順が必要になる。そこで、電話アプリと同じように通話履歴を一覧表示できるよう設定を変更しておこう。設定画面の

「通話」で「通話／ニュースタブ表示」を選び、「通話」にチェックすると、画面下部の「ニュース」タブが「通話」タブに変更され、すべての友だちとの音声通話やビデオ通話の発着信履歴が一覧表示されるようになる。各履歴から通話を発信することも可能だ。

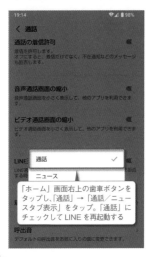

「ホーム」画面右上の歯車ボタンをタップし、「通話」→「通話／ニュースタブ表示」をタップ。「通話」にチェックしてLINEを再起動する

LINEの下部メニューにある「ニュース」タブが「通話」タブに切り替わる。「通話」画面を開くと、以前LINE通話した友だちとの発着信履歴が一覧表示され、履歴をタップしてLINE通話をかけ直すこともできる

067
LINE

LINEで重要なメッセージを目立たせて掲示

複数人でLINEのトークをやり取りしている時に、参加者全体に知らせるトークを目立たせたい時は、「アナウンス」機能を使おう。トークをロングタップして「アナウンス」をタップすると、トークルームの最上部にそのメッセージがピン留めされ、トークルームを

開くたびに必ず目に入る。参加者全員の画面に表示される機能なので、イベントの告知や日程の確認などに使うと便利だ。なおアナウンスできるのは、メッセージ、投票、イベントの投稿のみ。スタンプや画像、ノートのアナウンスはできない。

目立たせたいメッセージをロングタップしたら、メニューから「アナウンス」をタップ

メッセージがトークルームの最上部に固定表示される。アナウンスをロングタップして「今後は表示しない」で自分のトークルームでのみアナウンスを消せる。「アナウンス解除」をタップすると、全員のトークルームからアナウンスが消える

068
LINE

パソコンやiPadでスマートフォンと同じLINEアカウントを利用

生体認証やQRコードでログインできる

通常、LINEはひとつのアカウントにつきひとつの端末でしか使えないが、パソコン版とiPad版のLINEでは、スマートフォンと同じLINEアカウントでログインして、同時に利用することができる。スマートフォンのLINEが使えなくなった場合に、非常用としてパソコンやiPadでも確認できるので、ぜひ活用しよう。スマートフォンの生体認証を使ってログインするほかに、QRコードの読み取りやメールアドレスでログインすることもできる。なお、Androidタブレットの場合は同じアカウントでLINEを使えないので注意しよう。

1 スマホ版LINEで生体認証を許可

タップして許可する。「連携解除」と表示されていればよい

まずはスマートフォンのLINEで、「ホーム」→「設定」→「アカウント」→「生体情報」をタップして「許可する」をタップしよう。

2 iPad版やPC版LINEでログイン

iPad版やPC版LINEを起動したら、電話番号を入力して「スマートフォンを使ってログイン」をタップ。初回のみ6桁の認証番号が表示され、これをスマホ側のLINEで入力するとログインできる。

3 その他の方法でログインする

生体認証でログインしない場合は、iPad版やPC版LINEで「その他のログイン方法」をタップ。表示されたQRコードをスマホ版のLINEで読み取ったり、メールアドレスを入力することでログインできる。

ネットの
快適技

ネットやSNSはスマホで楽しむのがスタンダード。
だからこそストレスなく効率的に利用したいところ。
人気のアプリやサービスを駆使することで、
情報収集やコミュニケーションも一気に劇的快適に。
話題のChatGPTアプリもしっかり解説している。

S E C T I O N

3

069

ブラウザ

パソコンやタブレットで見ていたサイトを素早く開く

他端末で使っているChromeと連携できる

多くの Android スマートフォンには、Google 製の「Chrome」が標準の Web ブラウザとして採用されている。Chrome は、パソコンやタブレット、iPhone、iPad などの他端末で使っている Chrome と簡単に連携できるのが特徴。同一の Google アカウントでログインすれば、ブックマークやパスワードなども自動で同期される。さらに、「最近使ったタブ」を利用すれば、他の端末で開いていた Web ページをスマートフォン側ですぐに呼び出すことが可能だ。右の手順で呼び出してみよう。

1 「最近使ったタブ」をタップする

Chrome を起動したら右上のオプションメニューボタン（3つのドット）をタップ。「最近使ったタブ」を選択しよう。

2 他端末で開いていたタブを開く

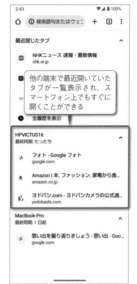

（同じ Google アカウントでログインしている）他の端末の Chrome で開いているタブも表示され、タップして同じサイトにすぐにアクセスできる。

3 Chromeの同期を有効にする

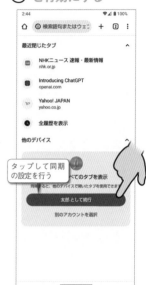

同期が無効になっている場合は、「最近使ったタブ」を開いた後、「他のデバイス」欄を開き、「○○として続行」をタップ。指示に従って同期をオンにする。

070

ブラウザ

閲覧履歴が残らないシークレットタブを利用する

他人に閲覧履歴を見られたくない人は使ってみよう

Chrome で表示したサイトは閲覧履歴として残り、オプションメニューの「履歴」からチェックすることができる。また、Google 上で検索したキーワードも検索履歴として残り、再度同じキーワードを入力した際にすぐ候補として表示される仕組みだ。これ自体は便利な機能だが、問題なのは家族や友人にスマホを貸した時。他の人に各種履歴を見られたくないという人もいるはずだ。そんな時はシークレットモードを活用しよう。シークレットタブ上で操作すれば、閲覧および検索履歴が残らないのだ。

1 新しいシークレットタブを開く

シークレットタブを利用したい場合は、Chrome を起動して右上のオプションメニューボタンをタップ。「新しいシークレットタブ」をタップする。

2 シークレットモードでページを開く

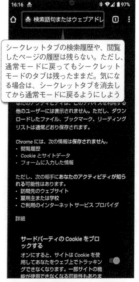

URL 入力欄が黒色になり、シークレットモードになる。このタブ上で開いたページは閲覧履歴に残らない。また、検索履歴も保存されない。

3 今までの閲覧履歴を消したい時は

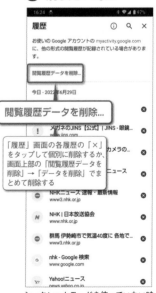

シークレットモードを使っていない時の閲覧履歴を消したい場合は、オプションメニューボタンから「履歴」を開き、個別またはまとめて削除しよう。

071

ブラウザ

マスト!

スマートフォン用サイトから PC向けサイトに表示を変更する

メニューや情報が 省略されないPC版 に切り替える

最近のWebサイトでは、スマートフォンでアクセスするとモバイル用に最適化されたページが表示されることが多い。しかし、パソコン向けのページと比べてメニューや機能、情報が省略されている場合も多い。スマートフォンでも、使い慣れたパソコン用ページを表示したいなら、Chromeのオプションメニューにある「PC版サイト」にチェックを入れてみよう。これでパソコン用ページに表示が切り替わるのだ。ただし、サイトによっては強制的にスマートフォン用サイトが表示されることもある

1 「PC版サイトを見る」設定に変更

モバイル向けページではなく、パソコンで見るのと同じ表示にしたい場合は、Chromeのオプションメニューから「PC版のサイト」にチェックを入れる。

2 パソコン向けの表示に切り替わった

自動的にページが更新され、モバイル向けページからパソコン向けページに表示が切り替わるはずだ。ただし、サイトによっては対応していないものもある。

3 特定のWebページを常にPC版で表示する

Chromeのオプションメニューから「設定」→「サイトの設定」→「PC版サイト」→「サイトの例外を追加」でURLを入力すると、そのWebサイトは常にPC版で表示される。

072

ブラウザ

新しいタブボタンを 常に表示しておく

Chromeのアドレスバーの右には、「新しいタブ」「共有」「音声検索」のうちいずれかの機能が割り当てられた「ツールバーショートカット」ボタンが表示される。このツールバーショートカットの機能はユーザーの使用状況に応じて自動で切り替わるが、機能を固定しておきたい場合は、Chromeのオプションメニューから「設定」→「ツールバーショートカット」をタップしよう。たとえば「新しいタブ」にチェックしておくと、常に「＋」ボタンが表示され、新しいタブを素早く開くことができる。

Chromeのオプションメニューから「設定」→「ツールバーショートカット」を開き、「新しいタブ」にチェックしておく

アドレスバーの右にあるツールバーショートカットは、常に「＋」（新しいタブ）ボタンになる。「共有」や「音声検索」ボタンに機能を固定することも可能だ

073

ブラウザ

複数のタブを グループにして 管理する

Chromeでタブを開きすぎてよく目的のWebページを見失う人は、タブをグループ化しておこう。画面右上のタブボタンをタップしてタブ一覧画面を開き、他のタブをドラッグして重ねることで、複数のタブをグループ化してまとめることができる。タブ一覧画面ではタブグループごとに表示され、タブグループ内のタブを開くと、下部のボタンをタップして他のタブに素早く表示を切り替えできる。同じカテゴリのWebサイトをまとめたり、商品を探して複数の通販サイトを見比べたい時などに活用しよう。

タブ一覧画面でタブをロングタップし、他のタブにドラッグして重ねると、タブをグループ化できる。タブグループを開いてタブをロングタップし、下部の「グループから削除」までドラッグするとグループから削除できる

タブグループ内のタブを開くと、画面の下部にはグループ化した他のタブがボタンで表示されている。これをタップすると、他のタブに表示を切り替えることが可能だ

074

ブラウザ

複数のサイトをまとめてブックマークする

Chrome では Web ページをひとつひとつブックマークしなくても、開いているタブをまとめてブックマークに追加することが可能だ。調べ物中に開いた複数のWeb ページを、ひとまずブックマーク保存しておきたい場合などに活用しよう。タブグループ（No073 で解説）内の Web ページをすべてブックマークすることもできる。追加したブックマークは、画面右上のオプションメニューから「ブックマーク」→「モバイルのブックマーク」内に作成されたフォルダに、まとめて保存されている。

画面右上のタブボタンをタップしてタブ一覧画面を開き、オプションメニューボタンから「タブを選択」をタップ。開いている複数のタブを選択しよう。タブグループも選択できる

タブを選択したら、もう一度オプションメニューを開き、「タブをブックマークに追加」をタップ。下部の「ブックマークしました」メッセージに表示される「編集」ボタンをタップすると、フォルダの名前や保存先を変更できる

075

ブラウザ

サイト内の言葉を選択してGoogle検索する

Chrome で、Web ページ上の文字列をロングタップして選択すると、下部にパネルがポップアップ表示される。これをタップするとパネルが引き出されて画面が分割し、パネル内で選択した文字列の Google 検索結果がすぐに表示される。この「タップして検索」機能を使うには、まず Google を規定の検索エンジンに設定しておく必要がある。また、Chrome のオプションメニューボタンで「設定」→「Google のサービス」→「タップして検索」をタップし、スイッチがオンになっているかを確認しよう。

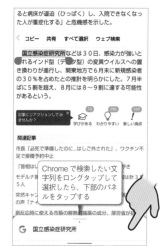

Chrome で検索したい文字列をロングタップして選択したら、下部のパネルをタップする

パネルが引き出され、選択した文字列でのキーワード検索結果がすぐに表示される

076

ブラウザ

マスト!

ログイン時のパスワードを自動入力する

IDとパスワードを保存して次回から素早くログイン

Chrome では、一度ログインした Web サイトの ID とパスワードを保存しておくことができ、次回からはその Web サイトのログインページを開くだけで自動入力され、素早くログインできるようになる。自動入力されない場合は、キーボード上部の鍵ボタンをタップし、保存したパスワードから選択しよう。なお、パスワードは Google アカウントに保存されるので、Chrome で同期をオンにしておけば、同じ Google アカウントを使った別のデバイスでも同じパスワードを使うことが可能だ。

1 パスワードの保存をオンに

設定

パスワードを保存する
パスワードを Android や Chrome に保存できるようにします

自動ログイン
保存されている認証情報を使用してウェブサイトに自動的にログインします。この機能が無効になっている場合は、ウェブサイトにログインするときに毎回確認を求められます。

パスワードアラート

どちらもオンにしておく

↑ パスワードをエクスポート
パスワードをエクスポートして別のサービスで使用できます

↓ パスワードのインポート
To import passwords to your Google Account, select a CSV file

⌂ ホーム画面にショートカットを追加
Google パスワードマネージャーをホーム画面に追加して、すばやくアクセスできます

オンデバイスの暗号化の設定

Chrome のオプションメニューから「設定」→「パスワードマネージャー」を開き、歯車ボタンをタップ。「パスワードを保存する」と「自動ログイン」がオンになっているか確認する。

2 ログイン時にパスワードを保存する

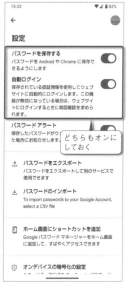

Chrome で Web サイトにログインすると、パスワードを Google アカウントに保存するか確認するメッセージが表示されるので、「保存」をタップして保存しておく。

3 次回からパスワードが自動入力される

次回からは、ログインページの入力フォームをタップすると、下部にログイン ID の候補が表示される。「ログイン」タップすると自動で入力され、素早くログインできる。

077
ブラウザ

マスト!

保存した ログインパスワードを 個別に削除する

No076 で解説した通り、Chrome には Web サイトで入力したログイン ID とパスワードを保存し、再ログイン時に自動で入力してくれる機能がある。ただ、間違ったパスワードを保存してしまったり、もう使わないアカウントのログイン情報が自動入力される

など、保存済みのパスワードを削除したい場合もある。そんな時は、Chrome のオプションメニューから「設定」→「パスワードマネージャー」を開こう。削除したいパスワードをタップして、上部のゴミ箱ボタンをタップすれば個別に削除できる。

「削除」ボタンをタップすると、この保存済みパスワードを削除できる

Chrome のオプションメニューから「設定」→「パスワードマネージャー」を開くと、保存済みのパスワードが一覧表示される。削除したいものをタップ

078
ブラウザ

パスワード管理画面 をすぐに開ける ようにする

No076 や No077 で解説した「パスワードマネージャー」画面では、Chrome で保存したパスワードの編集や削除を行えるほかにも、「パスワードチェックアップ」をタップして、不正使用された恐れのあるパスワードや使い回しのパスワード、推測されやすい

脆弱なパスワードも確認できるので、定期的にチェックしておきたい。「ショートカットを追加」でホーム画面にショートカットを作成しておけば、Chrome の設定から辿らなくても、ショートカットをタップしてワンタップでアクセスすることが可能だ。

Chrome のオプションメニューから「設定」→「パスワードマネージャー」を開き、「ショートカットを追加」をタップ。「ホーム画面に追加」をタップする

ホーム画面にパスワードマネージャーのショートカットが作成される。タップすると、すぐに「パスワードマネージャー」画面が表示される

079
ブラウザ

マスト!

Webのページ内を キーワード検索する

Chrome で表示中のページ内から、特定の文字列を探したい場合は、「ページ内検索」機能を利用する。まずはオプションメニューボタンから「ページ内検索」をタップして、表示された検索欄にキーワードを入力してみよう。すると、Web ページ内の一致テ

キストが黄色でハイライト表示されるはずだ。画面上部の矢印キーをタップすれば、次の／前の一致テキストに移動もできる。また、一致したテキストがページ内のどの位置にあるかも右側にバーで表示してくれるので便利だ。

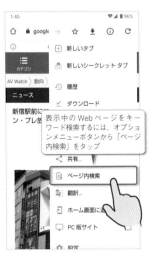

表示中の Web ページをキーワード検索するには、オプションメニューボタンから「ページ内検索」をタップ

検索欄にキーワードを入力すれば、ページ内で一致するテキストがハイライト表示される。右側のバー表示で一致したテキストの位置も分かるようになっている

080
ブラウザ

Chromeと iPadのSafariで ブックマークを同期

Android スマートフォンと iPad で同じブックマークを利用するには、どちらも Chrome を使うのが手っ取り早い。ただ Windows パソコンがあれば、Windows の Chrome を経由して、iPad の Safari と Chrome のブックマークを同期させることが可能だ。

PC Soft

Windows用iCloud
作者／Apple　価格／無料
入手先／https://support.apple.com/ja-jp/HT204283

「Windows 用 iCloud」をインストールし、iPad と同じ Apple ID でサインイン。設定画面を開き「ブックマーク」にチェックして適用し、Google Chrome の「拡張機能をインストール」→「ダウンロード」をクリックする。

Chrome で「iCloud ブックマーク」拡張機能の画面が表示されるので、「Chrome に追加」をクリックして追加しよう。あとは特に設定不要で、Windows の Chrome のブックマークが iPad の Safari と同期される。

クリックして拡張機能を追加し、Chrome と Safari のブックマークを同期。Windows の Chrome と Android の Chrome は同じ Google アカウントでログインし同期しておこう

081

対話型AI

マスト！

話題のChatGPTを
スマートフォンで利用する

自然な会話文で
さまざまな作業を
手伝ってくれる

　入力した内容に対して驚くほど自然な対話形式で応えてくれる、OpenAIが開発した対話型AIサービスが「ChatGPT」だ。質問に対して適切な回答をするだけなら、他にもGoogleアシスタントやSiri、Alexaといったサービスがあるが、ChatGPTのすごいところは「分かりません」といった機械的な返答がない点。あやふやな質問に対しても何らかの回答や手助けになりそうな情報を教えてくれ、長文を要約したり、アイデアを提案したり、プログラムのコードを作ったり、お題を与えて物語を作るといったこともできてしまう。また以前の会話を記憶したまま新しい要求に応えてくれるので、従来の検索だと最適なキーワードの組み合わせが苦手でなかなか目的の情報にたどり着けない人でも、自然文で会話を繰り返すうちに必要な情報を得ることができる。「子供でも分かるように説明して」と頼んでより噛み砕いた表現にしてもらうことも可能だ。質問と回答の流れは履歴として残っており、サイドメニューの「History」から履歴を選択して以前のやり取りの流れを引き継いだまま質問を重ねることもできる。アイデア次第で活用方法は無限に広がるので、さまざまな作業に役立てよう。

APP
ChatGPT
作者／OpenAI
価格／無料

ChatGPTアプリを使って質問する

1 ChatGPTにログインする

Let's explore●

Googleアカウントでログインする場合はここをタップ

G Continue with Google
 Continue with Apple
✉ Sign up with email

Log in

ChatGPTアプリを起動したら、GoogleアカウントやApple IDを使ってログインするか、メールアドレスでアカウントを作成しよう。すでにChatGPTのアカウントを持っている人は「Log in」からログインする。

2 キーボードや音声で質問を入力する

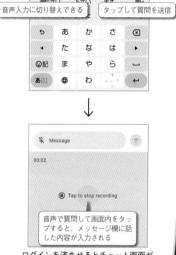

音声入力に切り替えできる　　タップして質問を送信

↓

Message
00:02
⊘ Tap to stop recording

音声で質問して画面内をタップすると、メッセージ欄に話した内容が入力される

ログインを済ませるとチャット画面が表示されるので、メッセージ欄に質問などを入力し、矢印ボタンをタップして送信しよう。メッセージ欄の左にあるマイクボタンをタップすると音声入力も可能だ。

3 ChatGPTの回答が表示される

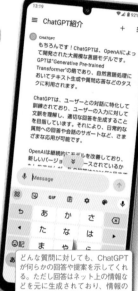

≡ ChatGPT紹介

CHATGPT
もちろんです！ChatGPTは、OpenAIによって開発された大規模な言語モデルです。GPTは"Generative Pre-trained Transformer"の略であり、自然言語処理においてテキスト生成や質問応答などのタスクに利用されます。

ChatGPTは、ユーザーとの対話に特化して訓練されており、ユーザーの入力に対して文脈を理解し、適切な回答を生成することを目指しています。それにより、日常的な質問への回答や会話のサポートなど、さまざまな応用が可能です。

OpenAIは継続的にモデルを改善しており、新しいバージョン...リースされているか...

どんな質問に対しても、ChatGPTが何らかの回答や提案を示してくれる。ただし回答はネット上の情報などを元に生成されており、情報のソースも確認できないので、内容に間違いが含まれることがある点に注意しよう。ChatGPTの回答を全面的に信じず、情報を整理する手助けとして活用するのが正しい使い方だ

4 続けて質問して情報を絞り込む

新しいチャットを開始するにはここをタップ

...改善しており、新しいバージョンもリリースされているかもしれませんが、私の知識は2021年9月までです。ChatGPTがどのように動作しているかについて、もっと詳細な質問があればお答えします！

太郎 青山
子供でも理解できるように分かりやすく説明して

CHATGPT
一連のチャット内容を受けて、さらに質問を続けることができる

ChatGPTは、大...んを読んで学習する

質問や回答の内容は記憶されているので、さらに質問を続けて情報を絞り込んだり、「子供でも理解できるように分かりやすく説明して」など表現方法を変えてもらうこともできる。

5 新規チャットの開始と履歴からの再開

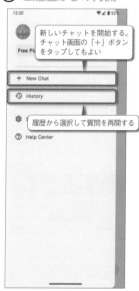

新しいチャットを開始する。チャット画面の「＋」ボタンをタップしてもよい

Free Pl...

＋ New Chat
⟳ History

履歴から選択して質問を再開する

⑦ Help Center

左上の三本線ボタンでサイドメニューが開く。「New Chat」で新しいチャットを開始したり、「History」で以前の質問履歴を選択して続きから質問を再開することも可能だ。

6 クリエイティブな要求にも応える

≡ Future Ocean Explorer

太郎 青山
浦島太郎の話を近未来SFにして

CHATGPT
浦島太郎の話を近未来SFにアレンジしてみましょう。

2023年の未来、地球は先進的な技術によって大きく変貌していました。浦島太郎は、現代の漁師から転じて、海洋探査を行うエキスプローラーとして名を馳せていました。

彼は最新鋭の潜水艇で底なしの海へと潜り、海底に広がる驚くべき都市を発見しました。そこは超近未来的なメガロポリス「ネプチュニア」で、人間だけでなく、海中に暮らす...知的生物たちも共...

「浦島太郎の話を近未来SFにして」などと頼むと物語を作成してくれる

小説や作文を書いてほしい、オリジナルの歌詞を作成してほしい、プログラムのコードを作ってほしいなど、クリエイティブな要求にも応えてくれる。なお、AIイラストの生成はできない。

O82

リーディングリスト

マスト! 気になった記事を保存して あとで読めるようにする

オフラインでも 読めるように情報を 保存しておこう

「Pocket」は、あとで読みたい Webページや X（旧 Twitter）内の記事を保存できるアプリだ。アプリを導入したら Pocket にログインし、ブラウザや X（旧 Twitter）アプリのメニューから「共有」→「+ Pocket」をタップ。これで記事が Pocket に保存される。保存した記事はオフライン環境で読むことが可能だ。パソコンのブラウザでも利用でき、保存した記事を同期できる。

APP
Pocket
作者／Mozilla Corporation
価格／無料

1 ブラウザで「Add to Pocket」をタップ

各アプリの共有機能を呼び出し「+Pocket」を選択する

まずは Pocket を起動してログイン。Webブラウザや X アプリで保存したいページやツイートを開き、共有機能から「+Pocket」を選択。

2 記事保存時に表示 されるボタン

「Pocket に保存しました！」をタップすると Pocket が起動する。右端のボタンをタップすると、記事に付けるタグを選択する

Pocket の設定で「クイック保存アクション」をオンにしていると、記事保存時の画面に、Pocket を開いたりタグを付加できるボタンが表示される。

3 Pocketに保存 された記事をタップ

オフラインでもタップして閲覧できる

記事が Pocket に保存されたら、Pocket を起動。先ほど保存した記事が一覧表示されているはずだ。保存した記事はオフラインでも読める。

O83

通信速度

Googleでネットの 通信速度を測定する

Webページを開くのに時間がかかったり、ネットへの接続が不安定な時は、通信速度を計測してみよう。計測アプリを使わなくても、Chrome で「インターネット速度テスト」や「スピードテスト」と入力し検索すれば、Google の通信速度計測サービス

を手軽に利用できる。検索結果のトップに「インターネット速度テスト」と表示されたら、「速度テストを実行」をタップするだけだ。30秒ほどでテストが完了し、ダウンロードとアップロードの通信速度が表示される。

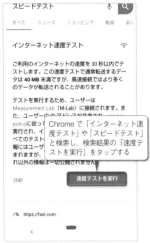

Chrome で「インターネット速度テスト」や「スピードテスト」と検索し、検索結果の「速度テストを実行」をタップする

30秒程度で、下りと上りの計測結果が表示される。普段から定期的に計測して、自分の通信回線の平均速度を把握しておこう

O84

X

マスト! X（旧Twitter）の 検索オプションを 使いこなそう

X（旧 Twitter。2023年7月にサービス名が「X」に変更された）でツイートを検索する際に、検索オプションを活用すれば、よりピンポイントに目的のツイートを探し出せるようになる。普通のWeb 検索のように、「A B」（間にスペース）でA、Bを含む

AND 検索、「A OR B」でAまたはBの OR 検索、「-A」でAを除く NOT 検索、「"ABC"」でダブルクオーテーションで囲んだキーワードの完全一致検索が可能だ。また下にまとめたように、言語や範囲、日時、リンクを含むツイートなども指定できる。

Xの便利な検索オプション

● lang:ja
日本語ツイートのみ検索

● lang:en
英語ツイートのみ検索

● near:新宿 within:15km
新宿から半径15km内で送信されたツイート

● since:2016-01-01
2016年01月01日以降に送信されたツイート

● until:2016-01-01
2016年01月01日以前に送信されたツイート

● filter:links
リンクを含むツイート

● filter:images
画像を含むツイート

● min_retweets:100
リツイートが100以上のツイート

● min_faves:100
お気に入りが100以上のツイート

複数の検索コマンドを組み合わせれば、目的のツイートをピンポイントで探し出せる

085
X

X（旧Twitter）で知り合いに発見されないようにする

X（旧 Twitter）では、連絡先アプリ内のメールアドレスや電話番号から知り合いのユーザーを検索できるが、自分の X アカウントを知人にあまり知られたくない人もいるだろう。そんな時は、X アプリのサイドメニューを表示し、「設定とプライバシー」→「プラ イバシーとセキュリティ」→「見つけやすさと連絡先」をタップ。「メールアドレスの照合と通知を許可する」と「電話番号の照合と通知を許可する」のチェックを外しておこう。これでメールアドレスや電話番号で知人に発見されることがなくなる。

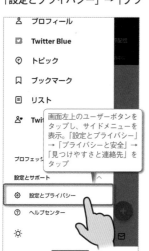

| プロフィール |
| Twitter Blue |
| トピック |
| ブックマーク |
| リスト |

画面左上のユーザーボタンをタップし、サイドメニューを表示。「設定とプライバシー」→「プライバシーと安全」→「見つけやすさと連絡先」をタップ

プロフェッ

設定とサポート

⚙ 設定とプライバシー

⑦ ヘルプセンター

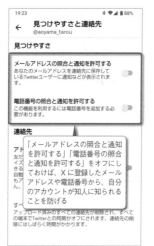

19:23　　　　　　　　　　　📶88%

← 見つけやすさと連絡先
@aoyama_tarou

見つけやすさ

メールアドレスの照合と通知を許可する
あなたのメールアドレスを連絡先に保存しているTwitterユーザーに通知などが表示されます。

電話番号の照合と通知を許可する
この機能を利用するには電話番号を追加する必要があります。

連絡先

「メールアドレスの照合と通知を許可する」「電話番号の照合と通知を許可する」をオフにしておけば、X に登録したメールアドレスや電話番号から、自分のアカウントが知人に知られることを防げる

アップロード済みのすべての連絡先が削除され、すべての端末でTwitterとの同期がオフにされます。連絡先の削除にはしばらく時間がかかります。

086
X

指定したユーザーがツイートした時に通知する

X（旧 Twitter）でフォロー中のユーザーが増えてくると、気になるユーザーのツイートを見逃してしまうことも多い。この人のツイートは見逃したくないという場合は、そのユーザーのプロフィールページを開いて、ベル型のアカウント通知ボタンをタップしよう。 すべてのツイートか、またはライブ放送のツイートが投稿されると、プッシュ通知されるように設定できる。なお、相手をフォローしていないと、アカウント通知ボタンは表示されない。また通知をオンにしても相手に知られることはない。

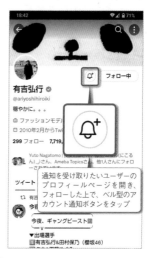

18:42　　　　　　　　　　🔋71%

有吉弘行 ✓
@ariyoshihiroiki
穏やかに。。
🏠 ファッションモデ
📅 2010年2月からTwi
299 フォロー　7,719,

通知を受け取りたいユーザーのプロフィールページを開き、フォローした上で、ベル型のアカウント通知ボタンをタップ

ツイート

今夜、ギャングビースト回

▼出場選手
🏅有吉弘行&田村保乃（櫻坂46）

有吉弘行 ✓
@ariyoshihiroiki
穏やかに。。
🏠 ファッションモデル① 🏠 日本

お見逃しなく
@ariyoshihiroiki

すべてのツイート
このアカウントのすべてのツイートについての通知を受け取ります。

すべてのツイートと返信
このアカウ...け取ります。

ライブ動画のみ
放送のラ...取ります。

スペースの...
スペース...

オフ
このアカウントのツイートについての通知をオフにします。

「すべてのツイート」にチェックすると、このユーザーの新規ツイートがあった際に通知されるようになる。そのほか、「すべてのツイートと返信」「ライブ動画のみ」「スペースのみ」を通知することも可能だ

087
X

X（旧Twitter）で苦手な話題が目に入らないようにする

見たくない内容は「ミュート」しておこう

X（旧 Twitter）を使っていると、拡散されたデマツイートが延々とタイムラインに流れたり、知りたくなかったドラマのネタバレ実況が流れたりと、見たくもないツイートを見てしまうことがある。そんな時に便利なのが「ミュート」機能。見たくない単語やフレーズを登録しておけば、そのワードを含むツイートが自分のタイムラインに表示されなくなり、通知も届かなくなる。ミュートするキーワードには、大文字小文字の区別がない。また、キーワードをミュートすると、そのキーワードのハッシュタグもミュートされる。

1 ミュートするキーワードをタップ

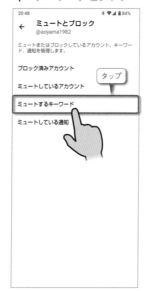

20:48　　　　　　　　　📶84%

← ミュートとブロック
@aoyama1982

ミュートまたはブロックしているアカウント、キーワード、通知を管理します。

ブロック済みアカウント

ミュートしているアカウント

ミュートするキーワード　←タップ

ミュートしている通知

画面左上のボタンをタップし、サイドメニューを開いたら、「設定とプライバシー」→「プライバシーと安全」→「ミュートとブロック」→「ミュートするキーワード」をタップ。

2 見たくない単語やフレーズを追加

←タップ

↓

20:48　　　　　　　　　📶84%

← ミュートするキーワードを...　保存

単語やフレーズを入力

単語、フレーズ、@ユーザー名、ハッシュタグをミュートできます...1つのキーワードのみで... キーワードを入力

ミュート対象:

ホームタイムライン　　✓

「＋」ボタンをタップして、「単語やフレーズを入力」に見たくないキーワードを入力し、右上の「保存」をタップしよう。ミュート対象や期間も設定できる。

3 追加したキーワードが表示されなくなる

20:48　　　　　　　　　📶84%

← ミュートするキーワード

診断
再度オンにするまで

拡散希望
再度オンにするまで

フォローミー
再度オンにするまで

「フォローミー」や「拡散希望」など、ノイズになりそうなキーワードを追加しておこう。「＃フォローミー」などのハッシュタグも自動的にミュートされる

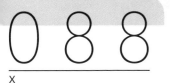

088

X

X（旧Twitter）に投稿された動画を保存する

Xの共有メニューから手軽に保存できる

X（旧Twitter）に投稿された画像は公式アプリで簡単にダウンロード保存できるが、動画は保存できない。これを保存可能にするアプリが「Twitter動画保存機」だ。Xアプリで保存したい動画を探し、共有ボタンをタップして「TwiTake」を選択すると、画質を選択して保存できる。保存した動画はTwitter動画保存機やフォトアプリで確認可能だ。

APP

Twitter動画保存機
作者／Video Downloader & Fast Saver
価格／無料

1 Xの共有でTwiTakeを選択

タップ

タップ

まずXアプリで保存したい動画が添付されたツイートを探し、右下にある共有ボタンをタップ。続けて「共有する」→「TwiTake」をタップする。

2 Xにログインし画質を選択して保存

ダウンロードしたコンテンツは保護されています。ダウンロードする前にアカウントを設定する必要があります

タップしてTwitterにログイン

ログイン・ダウンロード

保存したい画質を選択してタップ

⬇ DLする

Twitter動画保存機が起動するので、「ログイン・ダウンロード」をタップしてまずXにログインしよう。続けて保存したい動画の画質を選択して「DLする」をタップ。

3 Xの動画がダウンロードされる

保存した動画は「Download」→「TwiTake」フォルダなどに保存されており、Twitter動画保存機アプリやフォトアプリで再生できる

089

Wi-Fi

マスト！

テザリング機能を利用して外部機器をWi-Fi接続する

他のスマホやゲーム機などをインターネットに接続

「テザリング」とは、スマートフォンのモバイルデータ通信機能を使って他の機器をインターネットに接続できるようにする機能だ。他のスマートフォンやタブレットはもちろん、Wi-Fi接続機能があるノートパソコン、ゲーム機などを手軽に接続することができる。なお、テザリングで注意したいのがモバイルデータ通信の使用量だ。全てのキャリアで、一定の通信量を超えると通信速度規制が課せられるので、うっかり使いすぎないように注意しよう。ここでは、AQUOS sense6の操作方法を紹介する。

1 テザリング機能をオンにする

スイッチをオンにする。機種によって異なるものの、テザリング設定は、たいてい「ネットワークとインターネット」や「無線とネットワーク」といったメニューの中にある

「設定」→「ネットワークとインターネット」→「テザリング」→「Wi-Fiテザリング」でスイッチをオンにする。

2 Wi-Fiのパスワードを確認する

ネットワーク名を確認。接続パスワードは、「Wi-Fiテザリングのパスワード」をタップすれば確認できる。それぞれタップして変更も可能。またネットワーク名横のQRコードボタンをタップすれば、このWi-Fiテザリングに接続するためのQRコードが表示される（No025で解説）

ネットワーク名を確認し、続けて「Wi-Fiテザリングのパスワード」をタップして、パスワードも確認しておこう。それぞれ変更することもできる。

3 Wi-Fi対応機器からテザリングで接続

タップしてパスワードを入力すればすぐに接続できる

今回はiPadを接続。スマートフォンのネットワーク名が、iPadのWi-Fi接続画面に表示されるのでタップする。パスワード入力画面が表示されたら、同じくスマートフォンに表示されているパスワードを入力しよう。これだけで、スマートフォンのモバイルデータ通信を経由して、iPadでインターネットが利用可能になった。

ネットの快適技

090

遠隔操作

スマートフォンから
パソコンを遠隔操作する

必要なアプリと専用のサーバーソフトをインストールしよう

「TeamViewer」は、スマートフォンから自宅のパソコンを簡単に遠隔操作できる、超お手軽無料リモートコントロールサービスだ。パソコンで専用のサーバーソフトを起動しておき、表示されたID とパスワードをスマートフォン側のアプリに入力するだけでOK。Windows、Mac、Linux とマルチプラットフォームに対応しているので、自分の環境に合ったサーバーソフトをインストールしよう。

接続するとスマートフォンの画面にパソコンのデスクトップがそのまま表示され、ポインタを使った各種操作やキーボードを使った文字入力などを行える。また、「ファイル転送」機能を使えば、デバイス内のファイルを一覧表示し、相互に転送可能だ。さらに、パソコン側とスマートフォン側でそれぞれTeamViewer アカウントでサインインしておき、パソコン側でデバイスを TeamViewer アカウントに割り当てておけば、スマートフォンからパスワード入力も不要で手軽に接続できるようになる。

APP
**TeamViewerで
リモートコントロール**
作者／TeamViewer
価格／無料

PC
Soft
TeamViewer Remote
作者／TeamViewer
価格／無料
http://www.teamviewer.com/

スマートフォンから自宅PCをリモート操作する

1 サーバーソフトをインストールして起動

ID とパスワード。パスワード横のボタンをクリックすると、新しいランダムなパスワードに更新される

まずはパソコンに TeamViewer Remote をインストールし、起動しよう。「ヘルプを受ける」画面に、ID とパスワードが表示される。これをスマートフォン側のアプリで入力すれば、パソコンの画面をスマートフォンからリモート操作できるようになる。なお、右上の歯車ボタンをクリックして「セキュリティ」画面を開くと、ランダムパスワードの文字数を 10 文字に変更できるほか、「承認デバイスを管理」の「設定」ボタンをタップすると、2段階認証に使うデバイスを追加できる。

2 TeamViewerアプリを起動する

スマートフォン側で TeamViewer アプリをインストールし、起動する。入力フォームに ID を入力し「リモートコントロール」をタップ、続けてパスワードを入力。

3 スマートフォンからパソコンを操作する

「×」をタップして接続を終了する

スマートフォンからパソコンを遠隔操作できるようになった。キーボードボタンをタップして文字入力を行えるほか、画面下部のボタンでパソコンの再起動やスタートメニューの表示など、さまざまな操作を行える。もちろん横画面でも利用可能だ。

パスワード不要で接続できるようにする

1 アカウントでサインインする

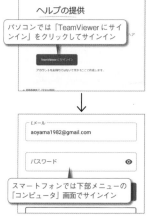

パソコンでは「TeamViewer にサインイン」をクリックしてサインイン

スマートフォンでは下部メニューの「コンピュータ」画面でサインイン

パソコンの TeamViewer Remote で、「TeamViewer にサインイン」をクリックしてサインインする。アカウントはその下の「ここで作成します」から作成できる。スマートフォン側は、下部メニューの「コンピュータ」からサインインする。初回はアカウントのメールアドレス宛てに届くメールで認証作業が必要。

2 アカウントにデバイスを割り当てる

クリック

「このデバイスにリモートアクセスを設定」を選択し、設定を進めていく

パソコンの TeamViewer Remote で左メニューの「デバイス」画面を開き、「+デバイスを追加」をクリック。「このデバイスにリモートアクセスを設定」を選択して「続行」をクリックし、画面の指示に従ってデバイスをTeamViewer アカウントに割り当てる。

3 パソコンの名前をタップして接続

タップ

タップ

スマートフォン側では下部メニューの「コンピュータ」画面を開き、「My Managed Devices」をタップして接続するパソコンを選択。「リモートコントロール（パスワードの使用）」をタップすれば、ID やパスワード入力不要で接続し、リモートコントロールが可能になる。

写真・音楽・動画

いつも持ち歩くスマートフォンは、カメラやミュージック
プレイヤー、動画プレイヤーとしても大活躍。
写真の加工や動画編集、SNSへの投稿はもちろん、
YouTubeの保存だってお手のものだ。

SECTION

091

フォトレタッチ

無料なのが信じられない 最高のフォトレタッチアプリ

多彩なエフェクトを 使って簡単に写真を 加工できる

スマートフォンで撮影した料理や風景の写真をSNSなどにアップする際は、なるべく見栄えのよい写真に加工してから公開したいところ。Adobeの定番フォトレタッチアプリ「Lightroom」を使えば、切り抜きや角度補正、プリセットの適用、ライトやカラーの調整など、高度な編集を手軽に施すことができる。保存時にはファイル形式やサイズの変更も可能だ。

APP
Lightroom
作者／Adobe
価格／無料

1 編集したい写真 を選択する

編集したい写真をタップ

アプリを起動すると、「ギャラリー」画面で端末内の写真が一覧表示される。編集したい写真をタップしよう。右上のオプションメニューで、写真を並べ替えたり追加したりできる。

2 編集メニューで 写真を加工する

各種編集メニュー

下部の編集メニューで、写真を切り抜いたり、プリセットのエフェクトを適用したり、明るさやカラーを調整するなど、さまざまな編集を行える。星マークが付いた機能は有料のプレミアム機能だ。

3 加工した写真を 書き出して保存

タップ

タップして保存

編集が終わったら、画面右上の共有ボタンをタップし、表示されたメニューの「書き出し」をタップ。ファイル形式やサイズを選択して、右上のチェックボタンをタップすると、端末内に保存される。

092

カメラ

マスト!

カメラの露出を適切に する操作のコツ

明るいところや 暗いところを タップして調整

スマートフォンのカメラは、画面内をタップした位置に合わせて自動的にピントと露出が調整されるようになっている。このため、画面内で暗い部分をタップすれば全体的に明るくなり、明るい部分をタップすれば全体的に暗くなる。画面内に黒つぶれや白飛びした部分があるなら、タップする位置を変えて露出を調整してみよう。なお機種によっては、画面内をタップしてそのまま上下にドラッグすることで、露出を手動で調整できる場合もある。逆光でうまく撮影したい時などに利用しよう。

1 画面内の暗い 部分をタップする

暗い場所をタップすると全体が明るくなるが、空や奥の白い塀が白飛びする

画面内が暗すぎて何が写っているのか分からない時は、暗い部分をタップしてみよう。画面全体が明るくなり暗い部分もしっかり写るはずだ。ただし元々明るかった部分は白飛びすることがある。

2 画面内の明るい 部分をタップする

白い塀をタップすると全体的に少し暗くなるが、空や塀の白飛びは抑えられる

画面内で白飛びして輪郭が消えている箇所があるなら、その部分をタップしてみよう。画面は全体的に暗くなるが、白飛びを抑えて輪郭がはっきり表示される。

3 露出を手動で 調整する

画面をタップしてピントと露出を合わせ、そのまま上下にドラッグすると画面を明るくしたり暗くできる

人物 ✕

機種によっては、画面内をタップしてそのまま上下にドラッグするといった操作で、露出を手動で調整できる。メニューに露出調整用のボタンが用意されている場合もある。

093

マスト!

写真や動画をクラウドへ
バックアップしよう

フォトアプリを
使えば手軽に
バックアップできる

標準搭載されている Google 製の「フォト」アプリは、以前なら設定次第では写真や動画を無料かつ容量無制限でクラウド上にバックアップできたが、現在は Google アカウントのストレージ容量（無料アカウントでは最大 15GB まで）を消費するようになっている。それでも、Android スマートフォンで撮影した写真や動画をクラウドへバックアップするなら、Google フォトの利用がもっとも手軽で便利なことに変わりはない。容量が足りなくなったら、ストレージ容量の追加購入も検討しよう。

1 バックアップと
同期を有効にする

「フォト」アプリの「フォトの設定」→「バックアップ」でスイッチをオン。撮影した写真や動画が自動でクラウド上にバックアップされる。

2 バックアップの
画質を変更する

「バックアップの画質」をタップすると、写真や動画を元の画質のままバックアップするか、画質を少し下げて容量を節約しながらバックアップするかを選択できる。

3 他のフォルダを
バックアップする

スマホ内の他のフォルダも自動バックアップの対象にしたい場合は、「デバイスのフォルダのバックアップ」で対象にするフォルダをオンにしよう。

094

マスト!

写っている被写体で
写真をキーワード検索

「フォト」アプリの「検索」画面を開くと、さまざまな条件で写真をキーワード検索することが可能だ。地名を入力すれば撮影場所が一致する写真が一覧表示されるほか、「海」「花」「犬」などをキーワードに検索すれば、それらが写っている写真がピックアップされる。また、メニューの「フォトの設定」→「フェイスグルーピング」をオンにした上で、「人物とペット」にまとめられた顔写真に名前やニックネームのラベルを設定しておけば、そのラベルをもとに人物が写った写真を検索できるようになる。

「検索」画面で、場所（「京都」「鎌倉」など）や、被写体（「空」「赤ちゃん」など）を入力すれば、そのキーワードに合う写真が検出される。なお、撮影場所で検索できるのは、位置情報が記録された写真に限る

人が写っている写真を検索するには、「検索」画面の「人物とペット」にまとめられた顔写真を選択し、「名前を追加」をタップして、名前やニックネームでラベルを付けておけば良い

095

バックアップした
写真を端末から
削除する

No093 で解説した通り、フォトアプリで「バックアップ」をオンにしておけば、スマホで撮影した写真は自動的にクラウドストレージにアップロードされるようになる。クラウド上にバックアップされているなら、もう端末内に写真を保存しておく必要はない。フォトアプリでアカウントボタンをタップし、「フォトの設定」→「デバイスの空き容量の確保」をタップすれば、クラウドにアップロード済みの写真や動画が検出されるので、「空き容量を○○増やす」をタップして端末内から削除してしまおう。

フォトアプリの右上のアカウントボタンでメニューを開き、「フォトの設定」→「デバイスの空き容量の確保」をタップ

クラウドにアップロード済みの写真や動画が検出される。「空き容量を○○増やす」をタップすれば、これらの写真や動画は端末内から削除される

写真・音楽・動画

096

写真管理

撮影した写真を家族や
友人とすぐに共有する

共有アルバムや
共有パートナー
を設定しよう

撮影した写真を家族や友人と共有したい時は、フォトアプリで共有アルバムを作成しよう。共有したい相手に招待メールを送ると、招待を受け取ったユーザーは共有アルバム内の写真を表示したり新しい写真を追加できるようになる。もっと近しい夫婦などの関係であれば、相手を「共有パートナー」に設定するのもおすすめだ。自分のGoogleフォトにあるすべての写真（または指定日時以降の写真や、指定した人物が含まれる写真）が自動的にパートナーと共有されるので、いちいち写真を送ったり共有アルバムを作成する必要がなくなる。

1 共有アルバムで
共有する

フォトアプリの下部メニューで「共有」画面を開き、「共有アルバムを作成」をタップ

アルバム名を付けて「写真を選択」で写真を追加し、「共有」をタップして招待メールを送信する

フォトアプリで「共有アルバム」を作成し、家族や友人に招待メールを送ると、招待された相手は共有アルバムの写真を表示したり、新しい写真を追加できるようになる。

2 共有パートナーと
共有する

フォトアプリの下部メニューで「共有」画面を開き、「パートナーと共有」をタップ

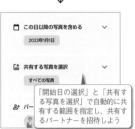

「開始日の選択」と「共有する写真を選択」で自動的に共有する範囲を指定し、共有するパートナーを招待しよう

フォトアプリで「共有パートナー」を設定すると、写真の一部またはすべてを自動的に共有できるようになる。夫婦など近しい関係の相手と写真を共有したい時はこの方法がおすすめだ。

3 共有パートナーの
写真を見る

タップ

共有パートナーの写真が表示される。なお、右上のオプションメニューから「設定」→「アカウントへの保存」をタップすると、写真を自動保存するように設定できる

共有パートナー側からも自分を共有相手にして共有範囲を設定してもらおう。「共有」画面でパートナーの名前をタップすることで、共有パートナーの写真を見ることができる。

section

4

097

カメラ

音声でカメラの
シャッターを切る

スマートフォンのカメラアプリは、基本的に画面内のシャッターボタンをタップして撮影するが、画面をタップするとどうしても画面がぶれる。そこで、「OK Google」などで起動するGoogleアシスタントを利用しよう。「写真を撮って」「ビデオを撮って」「自撮り写真を撮って」などと話しかけると、カウントダウン後に自動で撮影してくれる。また、被写体が笑顔になった瞬間を判断して撮影したり、カメラに手のひらを向けると自動で撮影するなど、独自の自動撮影機能を備えた機種もある。

Googleアシスタントを起動し、「写真を撮って」「ビデオを撮って」「自撮り写真を撮って」などと話しかけると、カメラが起動してカウントダウン後に自動撮影してくれる

Xperiaシリーズなど一部の機種では、フロントカメラ時の設定で「ハンドシャッター」をオンにしておくと、カメラに手のひらを向けるだけで撮影ができる

098

カメラ

シャッターチャンスを
絶対逃さない
カメラ設定

いちいちホーム画面からカメラアプリを起動していては、せっかくのシャッターチャンスに間に合わない。Androidスマートフォンでは、電源ボタンを2回押すことで、スリープ中でもすばやくカメラを起動できるので覚えておこう。カメラが起動しない場合は、「設定」→「システム」→「ジェスチャー」→「カメラをすばやく起動」がオンになっているか確認する。またXperiaシリーズの一部などカメラキーを備えた機種では、カメラキーの長押しで、カメラを起動するように設定することも可能だ。

「設定」→「システム」→「ジェスチャー」→「カメラをすばやく起動」でスイッチをオンにしておくと、電源ボタンを2回押してカメラをすばやく起動できるようになる

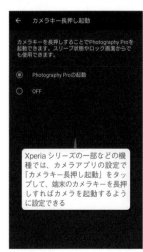

Xperiaシリーズの一部などの機種では、カメラアプリの設定で「カメラキー長押し起動」をタップして、端末のカメラキーを長押しすればカメラを起動するように設定できる

099
カメラ
マスト！

写真の保存先を
SDカードに変更する

ストレージの空き容量に余裕がないときは、撮影した写真や動画の保存先を、SDカードに変更しておこう。SDカードスロットを備えた機種であれば、カメラアプリの設定画面に、保存先をSDカードに変更する項目が用意されている場合が多い。変更後に撮影した写真やビデオは、SDカードの「DCIM」フォルダに保存される。なお、高画質な動画をSDカードに録画するには、ある程度の転送速度が求められる。スピードクラス10またはUHSスピードクラス1以上の、高速モデルを購入しよう。

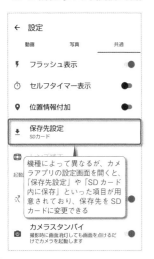

機種によって異なるが、カメラアプリの設定画面を開くと、「保存先設定」や「SDカード内に保存」といった項目が用意されており、保存先をSDカードに変更できる

撮影した写真や動画の保存先は、SDカードの「DCIM」フォルダになる。ファイル管理アプリなどで確認しよう

100
文字認識

カメラで写した文字を
テキストとして利用

書類に記載されている内容をメールで送信したい場合などに、いちいち文字入力するのが面倒なら、カメラアプリから起動できる「Google レンズ」（No019で解説）を利用しよう。Google レンズはカメラに写したものが何かを教えてくれるほかにも、「文字認識」画面に切り替えて撮影することで、カメラに写った文字を認識することが可能だ。認識したテキストをロングタップすると選択でき、下部に表示される「テキストをコピー」ボタンをタップしてコピーできる。これをメールなどに貼り付けて利用しよう。

カメラの画面内にある「Google レンズ」ボタンをタップしてGoogle レンズを起動し、下部メニューを「文字認識」に切り替える。コピーしたいテキストにカメラを向けてシャッターボタンをタップしよう

撮影された画面内のテキストが自動的に認識される。テキストをロングタップして選択し、下部の「テキストをコピー」をタップすると、選択したテキストをコピーして他のアプリなどにペーストできる

101
翻訳

カメラで写した
文章を翻訳する

No100で解説したGoogle レンズを使うと、カメラに写った文字を認識できるだけでなく、文字をカメラに写すだけで100以上の言語をリアルタイムに翻訳することもできる。これを利用すると、海外で見かけた看板や、レストランのメニュー、商品ラベルの内容などを、翻訳アプリを起動するまでもなく、カメラを向けて文字認識するだけで調べられる。シャッターボタンをタップすると翻訳されたテキストを選択してコピーできるほか、翻訳元や翻訳先の言語をそれぞれタップして変更することも可能だ。

カメラの画面内にある「Google レンズ」ボタンをタップしてGoogle レンズを起動し、下部メニューを「翻訳」に切り替える。すると自動的にカメラ内で認識された外国語が日本語に翻訳される

文字認識の場合と同様に、シャッターボタンで撮影すると翻訳されたテキストを選択してコピーできるようになる。また上部の言語ボタンをタップすると、翻訳元や翻訳先の言語をそれぞれタップして変更することが可能だ

102
カメラ

静かな場所で
シャッター音を
鳴らさず撮影する

静かなレストランや撮影可能な美術館などで写真を撮る際は、この「Open Camera」を利用しよう。シャッター音を無音にできる他、写真の解像度も自由に変更可能。設定項目も豊富で広告なしで利用できるのもありがたい。

 APP

Open Camera
作者／Mark Harman
価格／無料

まず、歯車ボタンをタップして設定を開き、「カメラ用API」をタップして「Camera2 API」の方にチェックを入れる

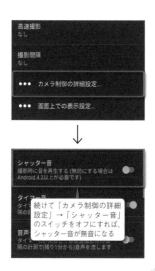

続けて「カメラ制御の詳細設定」→「シャッター音」のスイッチをオフにすれば、シャッター音が無音になる

写真・音楽・動画

51

103
フォトレタッチ

写真に写り込んだ邪魔なものを
キレイに消去

フォトアプリの
消しゴムマジック
機能を使ってみよう

標準のフォトアプリには、写真に映り込んだ邪魔な人物やものを除去して、最初から写っていないような自然な写真に仕上げることができる「消しゴムマジック」機能が用意されている。Google Pixel ユーザーなら誰でも使えるほか、Google のストレージサービス「Google One」に加入済みのユーザーであれば、他のスマートフォンや iPhone でも利用が可能だ。邪魔なものを消したい写真を開いたら、「編集」→「ツール」で「消しゴムマジック」をタップしよう。削除する候補は自動で選択されるほか、手動で囲んで消去することもできる。

1 フォトで消しゴム
マジックをタップ

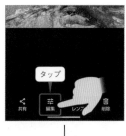

タップ

共有　編集　レンズ　削除

↓

タップ。Google Pixel ユーザーか、Google One に加入済みのユーザーのみ利用できる

ぼかし　消しゴムマジ　空

補正　切り抜き　ツール　調整　フィルタ

キャンセル　コピーを保存

邪魔なものが写り込んだ写真をフォトアプリで開いたら、下部メニューの「編集」→「ツール」を選択し、「消しゴムマジック」をタップしよう。

2 邪魔なものを選択
して消去する

ハイライト表示された候補をタップすると消去できる。「すべてを消去」でまとめて消すことも可能

↓

候補以外の消したいものを指やタッチペンで囲んで、手動で消すこともできる

写真内の邪魔なものが自動的に判断され、候補としてハイライト表示される。ハイライトをタップすれば個別に消去できるほか、候補以外の邪魔なものを指など囲んで消すこともできる。

3 邪魔なものが消えた
写真を保存する

邪魔な人やものが消え、最初から写っていないような自然な写真になる

タップして「コピーを保存」をタップ

消去　カモフラージュ

リセット　完了

写真内に写り込んだ邪魔なものがすべて消え、背景とうまく合成されて違和感のない仕上がりとなった。あとは「完了」→「コピーを保存」をタップすると消去後の写真が保存される。

104
フォトレタッチ

写真の被写体を
きれいに切り抜く

写真から人物やものだけを簡単に切り抜けるアプリが「Photoroom」だ。切り抜き範囲は自動で判断されるほか、手動で消したい範囲を追加したり戻すことも可能。また月額 1,050 円からの Pro 版に登録すると、ロゴを除去したりさまざまな背景を追加できる。

APP

Photoroom
作者／PhotoRoom Background
Editor App
価格／無料

背景を削除　消しゴム　自動背景　インスタント
シャドウ

クラシック

白　黒　透明

SNS

アプリを起動したら、「作成する」画面を開き「写真を選択して始める」をタップ。切り抜きたい写真を選択しよう

Instagramスト　Instagramの投稿　YouTubeカバー

＋ 写真を選択して始める

作成する　一括処理　あなたのコンテンツ

すぐに自動的に写真が切り抜かれる。「切り抜きを編集」をタップすれば切り抜き範囲の微調整も可能だ。「確認」をタップして背景などを選択すると保存できる（アカウントのログインが必要）。なお、無料版は切り抜き写真にロゴが挿入される

確認

別の写真を選択

105
写真整理

見られたくない写真を
非表示にする

標準の「フォト」アプリには、人に見られたくないプライベートな写真や動画を「ロックされたフォルダ」に移動することで、非表示にする機能が用意されている。「ロックされたフォルダ」内の写真や動画は、画面ロックで保護され、認証を済ませないと閲覧できない。また、他のアプリには表示されず、クラウド上からも削除され、バックアップも共有もされなくなる。フォトアプリをアンインストールしたり、機種変更をした際は、ロックされたフォルダ内の写真や動画を引き継げないので注意しよう。

フォトアプリで非表示にしたい写真や動画を選択したら、下部メニューの「ロックされたフォルダに移動」をタップしよう。ライブラリや他のアプリに表示されなくなり、クラウドからも削除される

共有パートナーアカウントの追加
共有パートナーを選んで共有する写真を選択します

→　使ってみる

新規作成

アニメーション

コラージュ

「ライブラリ」→「ユーティリティ」→「ロックされたフォルダ」をタップし、指紋認証や顔認証など画面ロックと同じ方法でロックを解除すると、非表示にした写真や動画を閲覧できる。選択して他のフォルダに移動すると、フォトや他のアプリで表示されるようになり、バックアップや共有も可能になる

写真をインポート

ロックされたフォルダ

削除　プリント　アーカイブ　撮影場所を　ロックされ
を注文　に移動　編集　たフォルダ
に移動

106
SNS

ログインしないで
Instagramの投稿を見る

ストーリーも
足跡を付けず
閲覧できる

Instagram の投稿を見るには通常はアカウントが必要だが、Chrome で「Picuki」（https://www.picuki.com/）にアクセスすれば、ログイン不要で投稿を見ることができる。Instagram には相手の投稿を見たことが知られる足跡機能はないが、ストーリーを見ると足跡がついてしまう。この Picuki を利用すれば、ログイン自体を行わないので、相手に知られずにストーリーを見ることが可能だ。ただし Picuki ではインスタライブの視聴に対応していないため、足跡を付けずにインスタライブを見ることはできない。

1 Chromeで「Picuki」を開く

まず Chrome で「Picuki」（https://www.picuki.com/）にアクセスし、検索欄で Instagram の投稿を見たい相手の名前やユーザーネームを入力して検索しよう。

2 Instagramの投稿やストーリーを見る

ログイン不要で Instagram の投稿を閲覧できる。「Stories」をタップするとストーリーが一覧表示され、足跡を付けずに見ることができる。

3 写真やビデオをダウンロードする

Picuki では、投稿された写真やビデオのダウンロードも可能だ。投稿を開いて「Download」ボタンをタップすればよい。

107
動画再生

ファイル形式を
気にせず動画を
再生する

パソコンなどからスマートフォンに取り込んだ動画を再生したいなら、この「MX Player」をインストールしておこう。MP4 やAVI、FLV、MKV、MOV、MPEG2、OGM、RM、WMVなど、主要なファイル形式に対応しており、変換不要でそのまま再生できる。

MX Player
作者／MX Media (formerly J2 Interactive)
価格／無料

アプリを起動すると、端末内や SD カードから、動画が保存されたフォルダが自動で検出される。見たい動画を選んでタップし、再生を開始しよう。再生画面では、全画面表示や再生位置のシーク、音声トラックの選択、字幕のオンオフなどが可能。オプションメニューボタンでは表示に関する詳細な設定を行える。前回停止した位置から再生するレジューム機能も搭載している。

108
周辺機器

DVD再生と
CD取り込みができる
Wi-Fiドライブ

パソコンを使わなくても、スマートフォンで直接 DVD を視聴できる、Wi-Fi 搭載の外付けドライブが「DVD ミレル」だ。専用の「DVD ミレル」アプリをインストールするだけで、スマートフォンが DVD プレイヤーに早変わり。ドライブに挿入した DVD を、ワイヤレスで再生できるようになる。さらに音楽 CD のリッピング機能も備えており、パソコンを一切使わずに、音楽 CD の曲をスマートフォンに取り込むことが可能だ。こちらも専用の「CD レコ」アプリをインストールすれば利用できる。

アイ・オー・データ機器
DVDミレル (DVRP-W8AI3)
実勢価格／11,500円
無線LAN／IEEE802.11ac/n/a/g/b
サイズ／W145×H17×D168mm
重量／400g

スマートフォンに専用の「DVD ミレル」「CD レコ」アプリをインストールすれば、ワイヤレスで DVD ビデオを視聴したり、音楽 CD を直接取り込める、Wi-Fi 搭載 DVD ／ CD ドライブ。取り込みのファイル形式は、Android、iOS ともに AAC ／ FLACとなる。

109

動画編集

動画を映像作品に仕上げる
高機能編集アプリ

本格的な編集を
加えてYouTubeなど
にアップしよう

　撮影した動画を YouTube や SNS にアップする前に、動画編集アプリを使って見栄えのいい映像作品に仕上げてみよう。この「PowerDirector」を使えば、動画のカット編集や結合、テキストや BGM の追加、エフェクトの適用など、本格的な編集を施せる。ただし無料版では、出力した動画の右下にロゴが表示される。

APP

PowerDirector
作者／Cyberlink Corp
価格／無料

1 新規プロジェクト
を作成する

タップ

新規プロジェクト

アプリを起動したら「新規プロジェクト」をタップ。プロジェクト名や縦横比を選択し、編集したい動画を追加しよう。

2 タイムラインで
動画を編集する

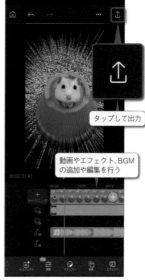

タップして出力

動画やエフェクト、BGMの追加や編集を行う

下部のタイムラインで、動画のカット編集や結合、エフェクトの追加、BGM の追加などの編集作業を行える。編集を終えたら、右上の出力ボタンをタップ。

3 編集した動画を
出力する

タップして出力を開始。出力が完了するまで画面を表示しておこう

ファイル名を付けて解像度やビットレート、フレームレートを選択し、保存先を指定したら、「出力」をタップして出力を開始しよう。

---

section 4

110

YouTube

マスト！

一度使えばやめられない
YouTubeのすごい有料プラン

月額1,180円の
YouTube Premium
を使ってみよう

　YouTube を毎日のように楽しんでいるなら、「YouTube Premium」への加入がオススメだ。月額 1,180 円の有料プランだが、動画再生時に広告が表示されなくなるほか、動画のオフライン再生やバックグラウンド再生も可能になる。さらに、YouTube の音楽サービス「YouTube Music Premium」の有料機能が追加料金なしで使えるようになる。なお、初回登録時は 30 日間無料で使えるが、試用期間が過ぎると自動で課金される。ひとまず無料で試したい人は、あらかじめ解約手続きを済ませておこう。

1 ユーザーボタンを
タップする

タップ

スマートフォンから加入する場合は、まず YouTube アプリの画面右上にあるユーザーボタンをタップしよう。

2 Premium機能
を購入する

タップ

アカウント画面が開いたら、「YouTube Premium に登録」をタップ。画面の指示に従って登録を進めよう。

3 Premium機能
を解約するには

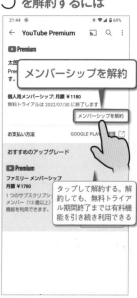

メンバーシップを解約

タップして解約する。解約しても、無料トライアル期間終了までは有料機能を引き続き利用できる

最初の 1 ヶ月は無料で使える。自動課金を防ぐには、アカウント画面の「購入とメンバーシップ」→「個人用メンバーシップ」→「メンバーシップを解約」で解約する。

111

YouTube

YouTubeの動画を
スマートフォンに保存しよう

保存しておけば
オフラインでも
楽しめる

「Premium Box」なら、YouTubeの動画を端末に保存してオフラインで楽しめる。また、バックグラウンド再生も行える。ただしダウンロード機能を15日以上使うには、480円の課金が必要。無料で保存したいなら「ONLINE VIDEO CONVERTER」（https://www.onlinevideoconverter.vip/）などWebサービスを使おう。

APP
Premium Box
作者／Premium Box
価格／無料

1 内蔵ブラウザで動画を保存

タップして画質を選びダウンロード。ダウンロード機能の試用期間は15日で、以降もダウンロード機能を利用するには、480円の課金が必要となる。なお内蔵ブラウザでYouTubeにアクセスできない場合は、「設定」→「ユーザーエージェント」を「Chrome（PC版）」などに変更してみよう

内蔵ブラウザでYouTubeにアクセスして動画を再生すると、ダウンロードボタンが有効になるので、タップして「保存」をタップ。

2 ダウンロードした動画を再生

タップして再生

ダウンロードした動画は「ファイル」タブで確認できる。オフラインで再生できるほか、バックグラウンド再生にも対応している。

3 Webサービスなら無料で保存できる

YouTubeの動画を無料で保存したいなら、Chromeで「ONLINE VIDEO CONVERTER」（https://www.onlinevideoconverter.vip/）にアクセスしよう。入力欄にYouTubeビデオのURLを貼り付け、変換形式を選択して「CONVERT | SEARCH」をタップ。画質を選んで「DOWNLOAD」をタップすると再生画面が開くので、オプションメニューから「ダウンロード」をタップして保存しよう。ただし広告が非常に多いので注意しよう

112

YouTube

マスト！

YouTubeを
ダブルタップで
シーク移動する

「YouTube」公式アプリには、動画再生画面の右端エリアをダブルタップして早送り、左端エリアをダブルタップして巻き戻しする機能が用意されている。いちいちシークバーを使わなくても、簡単に少し前や後へスキップできるので覚えておこう。このスキップ間隔は、標準だと10秒に設定されているが、YouTubeアプリの右上にあるアカウントボタンをタップし、「設定」→「全般」→「ダブルタップで早送り／巻き戻し」をタップすれば、5秒〜60秒までの間隔に変更することが可能だ。

YouTubeアプリで動画を再生中に、画面の左右端をダブルタップすると、再生が10秒進む／戻る

ダブルタップで移動する時間は、YouTubeアプリの「設定」→「全般」→「ダブルタップで早送り／巻き戻し」で変更できる

113

YouTube

YouTubeで
見せたいシーンを
指定して共有する

YouTubeの動画を友人に紹介する時は、見せたいシーンを指定することができる。一部のクリエイターの動画は、特定のシーンを抜き出して共有できるクリップ機能に対応しているので、クリップした動画をメールやLINEで送ればよい。ただし、クリップした動画を共有すると、再生画面で自分のYouTubeアカウント名を相手に知られてしまう。自分のアカウント名を知られたくない場合や、クリップに非対応の動画の場合は、指定した秒数から再生が開始されるリンクを作成し、これをメールなどに貼り付けて送ろう。

「クリップ」をタップすると、動画から5〜60秒のシーンを抜き出してループ再生できる。青いバーで見せたい範囲を選択し、「クリップを共有」をタップしてメールやLINEで送信しよう

?t=1m32s

指定した時間から再生が開始されるリンクを作成する。例えば、1分32秒経過したシーンから見てほしい場合は、動画のURL末尾に「?t=1m32s」と追加しよう。「?t=92s」と秒数に換算してもよい。受け取った相手がこのURLをタップすると指定時間から動画が再生される

写真・音楽・動画

114

LINE

YouTubeをオンラインの友人と一緒に楽しむ

複数人で同時にYouTube動画を視聴できる

LINEでのグループ通話中に、「みんなで見る」機能を利用すると、YouTubeの動画を他のユーザーと一緒に視聴できる。YouTubeの再生中でも音声通話やビデオ通話は継続するので、同じ動画を観ながら感想を語り合いながら楽しむことが可能だ。なお、右で紹介している手順のほかにも、あらかじめYouTubeで観たい動画のURLをコピーしておき、LINEで通話を開始したり通話画面に戻ることで、画面内にコピーしたURLが表示され、タップして共有を開始できる。YouTubeの履歴などに観たい動画がある場合はこちらのほうが早い。

section 4

1 LINE通話中に画面シェアする

タップ。1対1での音声通話時はこのボタンが表示されないが、2人だけのグループを作ることで表示される

LINEで音声通話やビデオ通話をしているときに、画面右下に表示される「画面シェア」→「YouTube」をタップしよう。

2 YouTubeで動画を検索する

観たい動画をタップし、「開始」をタップ

YouTubeの検索画面が開くので、一緒に観たい動画を探す。この検索画面は相手と共有されない。動画を選んで「開始」をタップすると共有される。

3 YouTubeの動画を一緒に楽しめる

このように、全員の画面で同じYouTube動画が同時に再生され、感想を言い合ったりして楽しめる。通信環境などによって、多少タイムラグが出ることがある

115

YouTube

YouTubeのレッスンビデオをスローで再生しよう

YouTubeではちょっと検索するだけで、ピアノの弾き方やダンスの振り付け、英会話のコツ、アプリの使い方、エアコンの修理方法など、あらゆるジャンルの解説動画が見つかる。無料とは思えない良質な動画も多く、何かを学びたいときには非常に参考になる。

このようなレッスンビデオを視聴しているときに、「もっとゆっくり（もしくは速く）再生したい」と思ったら、動画の再生速度を調整してみよう。動画のオプションメニューから「再生速度」をタップすれば、0.25倍速〜2倍速の間で再生速度を設定可能だ。

YouTubeアプリで目的の動画を再生したら、再生画面をタップ。画面右上の歯車ボタンをタップしよう

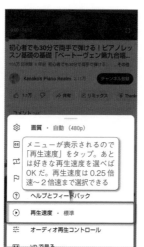

メニューが表示されるので「再生速度」をタップ。あとは好きな再生速度を選べばOKだ。再生速度は0.25倍速〜2倍速まで選択できる

116

YouTube

YouTubeの発言や台詞を文字起こしする

YouTubeアプリには、動画で話している内容を自動で文字起こししてくれる機能がある。まずYouTubeの再生画面を開き、概要欄をタップ。下の方にある「文字起こしを表示」ボタンをタップすると、時系列に沿って話している内容と時間がテキストで一覧表示される。音を鳴らせない場合でも、動画の内容をテキストだけで把握できて便利だ。なお、再生画面右上の歯車ボタンから字幕を日本語に設定しておけば、外国語の文字起こしも日本語で表示される。またテキストをタップすると、そのシーンに素早く移動できる。

YouTubeの再生画面で概要欄をタップして開き、「文字起こしを表示」ボタンをタップ。また外国語の動画は、右上の歯車ボタンをタップして字幕を日本語に設定しておこう

動画で話している内容が時系列に沿ってテキストで表示される。テキストをタップすると、そのシーンに素早く移動できる

117

動画再生

マスト！ マルチウィンドウで 各種動画を再生する

動画を見ながら 他のアプリを 利用できる

　マルチウィンドウ機能（No006で解説）で画面を分割すると、片方の画面で動画を再生しながら、もう片方の画面で他のアプリを利用できる。YouTubeの動画も再生しながら他のアプリが使えるので、YouTube Premiumに加入していなくても、擬似的なバックグラウンド再生が可能だ。また、LINEの「みんなで見る」（No114で解説）はYouTubeしか対応していないが、たとえば各自で加入しているAmazon Primeなどの映画を同時に再生し、片方の画面でLINEをやり取りすることで、ウォッチパーティ的な楽しみ方もできる。

1 YouTubeの動画を 流しながら作業できる

YouTubeの画面を分割すると、YouTubeのビデオを流しながら他のアプリを利用できるので、バックグラウンド再生のようにBGMを流しながら作業が可能だ。

2 友人と同じビデオを 見て盛り上がる

Amazonプライムなどで友人たちと同時に同じビデオを流しながら、グループLINEなどで盛り上がるウォッチパーティ的な楽しみ方もできる。

3 2画面で同時に再生 することはできない

複数のアプリで動画の再生画面を2つ表示することは可能だが、2画面で同時に再生することはできない。片方の画面で再生を開始すると、もう片方の動画は再生が停止する。

118

音楽

パソコンの曲をクラウド 経由で自由に聴く

YouTube Musicで 手持ちの曲を アップロードしよう

　標準の音楽プレーヤー「YouTube Music」は手持ちの曲を最大10万曲までアップロードできる機能を備えており、アップロードした曲はYouTube Musicアプリから自由に再生して楽しめる。アプリからは曲をアップロードできないので、パソコンのWebブラウザなどでmusic.youtube.comにアクセスし、曲が入ったフォルダごと画面内にドラッグ＆ドロップしよう。YouTube Musicアプリでは、「ライブラリ」画面で表示するアイテムを「アップロード」に切り替えると、アップロード済みの曲を再生できる。

1 画面内に曲を ドラッグする

曲の入ったフォルダごと画面内にドラッグ＆ドロップ

パソコンのWebブラウザでmusic.youtube.comにアクセスし、曲が入ったフォルダごと画面内にドラッグ＆ドロップする。

2 アップロードが 完了するのを待つ

曲のアップロードが開始されるので、完了するまでしばらく待とう。アップロードできる曲のファイル形式は、FLAC、M4A、MP3、OGG、WMAとなっている。

3 YouTube Music アプリで再生する

タップ

「アップロード」を選択する

YouTube Musicアプリの「ライブラリ」画面を開き、上部メニューの「ライブラリ」をタップ。「アップロード」を選択すると、自分でアップロードした曲を確認・再生できる。

119
音楽

マスト!
シンプルで使いやすい
音楽再生アプリ

もっとシンプルな音楽プレイヤーに乗り換えてみよう

YouTube Music（No118で解説）は、YouTubeにアップされた大量の曲を無料で聴けるのがウリの一つだが、無料版だと再生時に広告が入るほか、バックグラウンドで再生できず、検索結果に「歌ってみた」動画などが混ざる点も使いにくい。スマホに転送した曲を再生したいだけなら、この「Pulsar」のようなシンプルなアプリを利用するのがおすすめだ。

APP
Pulsar
作者／Rhythm Software
価格／無料

1 パソコンの曲をスマホにコピーする

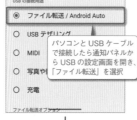

パソコンとUSBケーブルで接続したら通知パネルからUSBの設定画面を開き、「ファイル転送」を選択

↓

パソコンからスマートフォンに曲をコピーする。「Music」以外の適当なフォルダにコピーしても問題ない

パソコンとスマートフォンをUSBケーブルにして接続し、「ファイル転送」モードにしたら、スマートフォンの内部ストレージやSDカードのフォルダを開く。「Music」などのフォルダに曲をコピーしよう。

2 Pulsarで曲を探して再生する

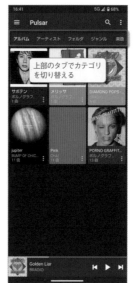

上部のタブでカテゴリを切り替える

Pulsarを起動すると、スマホにコピーした曲ファイルを自動で認識してくれる。上部の「アルバム」や「楽曲」、「フォルダ」などのタブから曲を探して再生しよう。

3 曲の再生画面と行える操作

歌詞が含まれる曲はここをタップして歌詞を表示できる

再生キューの確認や順番の変更が可能。他にも、右上のオプションメニューからスリープタイマーを設定したり、再生速度変更ボタンを表示できる

曲をタップすると再生が開始される。下部のミニプレイヤー部をタップすると再生画面が表示され、シャッフルやリピート、再生キューの確認、歌詞の表示なども行える。

120
リンク

音楽の全配信サービスへのリンクを生成する

音楽配信サービスで気に入った曲を見つけてSNSなどで紹介したい場合、たとえばApple Musicの曲リンクを投稿しても、Apple Musicを利用していない人はリンクにアクセスして曲を聴くことができない。そんな時は「Songwhip」を利用してみよう。

曲名などで検索すると、その曲を配信するさまざまな音楽ストリーミングサービスへのリンクを一括生成してくれる。あとはこのページをSNSなどで共有すれば、アクセスした人は自分が利用しているサービスのリンクをタップして曲を聴くことができる。

Chromeなどで「Songwhip」（https://songwhip.com/）にアクセスし、「MAKE A LINK NOW」をクリック。曲名などで検索するか、音楽配信サービスでコピーした曲リンクを貼り付けて検索

さまざまな音楽ストリーミングサービスへの一括リンクページが生成される。右上のオプションメニューから、このWebページをSNSなどで共有しよう

121
ラジオ

聴き逃した番組も後から楽しめるラジオアプリ

ラジオ番組をネット経由で聴取できるアプリが「radiko」だ。現在地のエリアで放送中のラジオ番組をリアルタイムで聴けるほか、過去1週間の放送を後から聴くことも可能。また月額480円のプレミアム会員なら、日本全国のラジオ放送を聴ける。

APP
radiko
作者／株式会社radiko
価格／無料

「ホーム」画面の「ライブ放送中」欄では、現在地のエリアで放送中のラジオ番組が一覧表示される。左右にスワイプして番組を切り替え、「再生する」をタップすれば番組をリアルタイムで聴くことができる

下部の「番組表」画面では、過去1週間までさかのぼって番組を聴ける。ただし、再生開始後24時間で聴取可能期間が終了するほか、ひとつの番組は3時間しか再生できないといった制限がある

仕事
効率化

せっかくのスマートフォンは、仕事でも
しっかり使いこなしたい。カレンダーやノートは
もちろん、ToDoやクラウド、オフィスアプリでの
書類作成も導入し、スマートな情報管理や
仕事効率化テクニックを実践しよう。

5

122

カレンダー

マスト！ ベストなカレンダーアプリで スケジュールをきっちり管理

Googleカレンダーと同期する使い勝手のいいカレンダーアプリ

スケジュールを管理するのに標準の Google カレンダーアプリでもいいが、もっと予定が見やすく使い勝手のよいカレンダーアプリを探しているなら、この「aCalendar」がおすすめ。Google カレンダーと同期する人気のカレンダーアプリだ。月表示でもきちんとイベント内容を確認でき、週表示でも小さく月カレンダーが表示されるなど、スケジュールのチェック時に助かるレイアウトが魅力だ。

基本的な操作方法は、画面内を左右にフリックして月／週／日カレンダーに切り替え。上下スワイプで前の／次の予定を表示。日付をロングタップで新規イベントの作成。左上の三本線ボタンでメニューを開くと、年／予定表リストへの切り替えもできる。左右フリックでのカレンダー切り替え操作は少し独特で、指を置いた日を起点にして週／日カレンダーに切り替わる仕様になっている。

なお、有料版の「aCalendar+」（500円）であれば、Google タスクと同期可能なタスク管理機能なども追加される。さらに、「aCalendar Store」をインストールすれば、特定のスポーツチームのスケジュールなどをインポートできる。

APP
aCalendar
作者／Tapir Apps GmbH
価格／無料

Googleカレンダーとの同期と基本操作

1 起動してGoogleカレンダーと同期

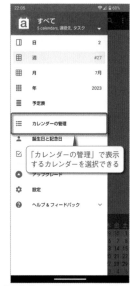

「カレンダーの管理」で表示するカレンダーを選択できる

初回起動時に連絡先やカレンダーへのアクセスを許可すると、Google カレンダーと同期する。左上の三本線ボタンでサイドメニューを開くと、表示形式の切り替えや、カレンダーの管理を行える。

2 デフォルトカレンダーの設定

タップ

新規イベント作成時のデフォルトカレンダーを変更するには、サイドメニューから「カレンダーの管理」をタップし、カレンダーをロングタップ。「デフォルトカレンダーに設定」をタップしておく。

3 起動時の初期画面の変更

初期画面
○ 日
◉ 週
○ 月
○ 予定表
キャンセル

日／週／月から初期画面を選択しよう。標準では「週」に設定されている

サイドメニューから「設定」→「表示設定」をタップ。「初期画面」で、アプリ起動時に最初に表示するカレンダー形式を変更できる。

4 カレンダー表示形式の切り替え

例えば10日に指を置いて右へフリックすると、10日の日カレンダーに切り替わる。なお、日／週／月カレンダーで前後の日／週／月に移動するには上下にフリックする

画面内を左右にフリックすると、表示形式を月／週／日カレンダーに切り替えできる。指を置いた日を起点にして、表示する週や日が決定されるので要注意。

5 新規イベントの作成画面を開く

件名や時間、場所、アラームなどを設定したら右上のチェックマークをタップして予定作成を完了する

上部「＋」アイコンをタップ、または日付をロングタップして時間を選択すれば、新規イベントの作成画面が開く。上部「▼」でメニューを開くと、登録するカレンダーを変更できる。

6 指定日のカレンダーに素早く移動する

上下にフリック

オプションメニューで「指定日へ」をタップし、表示されるカレンダーを上下にフリック。日にちをタップし、最後に「OK」をタップすると、指定日のカレンダーへ素早く移動できる。

マスト!

仕事やプライベートなど複数の
カレンダーを使い分ける

用途別に複数の
カレンダーを
作成しておこう

Google カレンダーで予定の登録先を使い分けたい場合は、あらかじめ「仕事」「プライベート」など、用途別に複数のカレンダーを作成しておこう。仕事の予定は赤、プライベートの予定は青など、作成したカレンダーごとに別の色を設定して、よりわかりやすくスケジュールを確認できるようになる。ただし新しいカレンダーは、アプリから作成することはできない。パソコンで作業するか、Chrome などのブラウザで Web 版の Google カレンダーにアクセスし、「他のカレンダー」横の「＋」ボタンから「新しいカレンダーを作成」で作成しよう。

1 「新しいカレンダーの作成」をタップ

まず Chrome で Web 版の Google カレンダー（https://calendar.google.com/）にアクセス。オプションメニューで「PC版サイト」を選択する。うまく表示されない場合は、モバイル版サイトの画面下部で「デスクトップ」をタップ（No124でも解説）。

2 カレンダー名を入力して作成する

カレンダー名を入力して「カレンダーを作成」をタップ。あらかじめ「仕事」「プライベート」といったカレンダーを作成し、用途別に使い分けよう。

3 カレンダーの色を設定する

作成したカレンダーはそれぞれ色を変えておくことで、カレンダーアプリを開いた際に、登録されている予定の種類がひと目で分かるようになる。

複数のユーザーで
カレンダーを共有する

家族や友人、同僚
とスケジュールを
共有しよう

Google カレンダーは、指定したカレンダーを他のユーザーと共有することもできる。例えばプロジェクトの進行管理用カレンダーを作成（No123で解説）して社員で共同管理したり、旅行の予定を友人と相談するといったシーンで便利。カレンダーを共有する際には、予定の編集許可を相手に与えるかどうかも設定できる。閲覧許可のみを与えて、自分だけが編集権限を持つようにも設定可能。なお、カレンダーの共有を設定するには、Chrome などの Web ブラウザで Web 版の Google カレンダーにアクセスする必要がある。

1 Web版のGoogleカレンダーへアクセス

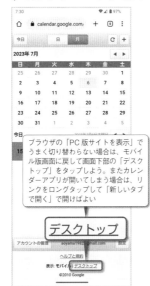

Chrome で Web 版の Google カレンダー（https://calendar.google.com/）へアクセス。パソコンの Web ブラウザで操作してもよい。

2 カレンダーを選んで共有メニューをタップ

「マイカレンダー」で共有したいカレンダー右の3つのドットボタンをタップ。表示されるメニューで「設定と共有」をタップする。

3 共有するユーザーを指定する

「特定のユーザーまたはグループと共有する」欄で「ユーザーやグループを追加」をタップし、共有したい相手のメールアドレス（Gmail アドレスでなくてもよい）を入力する。

仕事効率化

125 カレンダー

カレンダーの予定を
スプレッドシートで入力する

csv形式のデータで
Googleカレンダーに
まとめて登録

カレンダーアプリで定期的な予定を入力する際は、同じ予定なら繰り返しを設定すればよいが、開始時間や終了時間、場所などが毎回異なる場合はひとつずつ修正する必要があり面倒だ。そんなときは、ExcelやGoogleスプレッドシートなどの表計算ツールで予定をまとめて作成し、csv形式で保存してカレンダーに取り込めばよい。ただしスマホの画面でスプレッドシートを編集するのは厳しいので、パソコンで作業するのが効率的だ。またGoogleカレンダーに正しくインポートするには、右にまとめた書式に沿って入力する必要がある。

1 スプレッドシートで予定を入力する

最初の行に「Subject」と「Start Date」は入力が必須。予定の開始日や終了日は月／日／年の数字で入力しよう

Googleスプレッドシートなどで、右の書式の通り予定を作成しよう。最初の行に「Subject」や「Start Date」などヘッダーを英語で入力し、その下の行に予定内容を入力する。

2 作成した予定をcsv形式で保存する

Googleスプレッドシートでは「ダウンロード」→「カンマ区切り形式（.csv）で保存。Excelでは「CSV UTF-8（コンマ区切り）」で保存。文字コードはUTF-8にしないと文字化けするので注意しよう

予定を作成したら、ファイル形式を「CSV（カンマ区切り）」にして、適当な場所に保存しておこう。

カレンダー用の入力書式

書式	項目	入力例
Subject	タイトル	出勤
Start Date	予定の開始日	04/30/2023
Start Time	予定の開始時間	10:00 AM
End Date	予定の終了日	04/30/2023
End Time	予定の終了時間	3:00 PM
All Day Event	終日	「True」（終日）か「False」（終日でない）を入力
Location	予定の場所	四谷三栄町12-4
Private	限定公開	「True」（限定公開）か「False」（限定公開でない）を入力
Description	メモ	予定についてのメモを入力

※ Subject と Start Date の入力は必須

3 Googleカレンダーでcsvファイルを読み込む

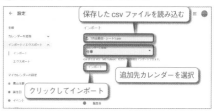

保存したcsvファイルを読み込む

追加先カレンダーを選択

クリックしてインポート

Googleカレンダーにアクセスして歯車ボタンから設定を開き、左メニューの「インポート／エクスポート」で作成したcsvファイルをインポートするとカレンダーに反映される。

126 カレンダー

予定が近づいたらメール
で知らせるようにする

時間をずらした
複数のメール
通知も設定可能

Googleカレンダーの予定は、指定した時間前に通知アイコンと通知パネルで知らせることができるが、メールで知らせるよう設定することも可能だ。通知を設定したい予定をタップし、続けて鉛筆ボタンをタップして編集画面を開く。さらに通知設定欄の「通知を追加」→「カスタム」をタップ。カスタム通知設定画面で通知の時間を選択し、通知方法に「メール」を選べばOK。「通知を追加」で、時間をずらした複数の通知を設定しておくこともできる。

1 予定の編集画面で通知を追加

タップ

「Googleカレンダー」アプリで予定をタップ後、続けて鉛筆ボタンをタップして編集画面を開く。「通知を追加」で「カスタム」→「メール」にチェックを入れる。

2 メール受信のタイミングを設定

同じ画面の上部でメール受信のタイミングを設定できる。○分前／○時間前／○日前／○週間前を設定し、最後に「完了」をタップしよう。

3 予定の通知がメールで届く

このようなメールで通知してくれる

設定したタイミングで、カレンダーでログインしているGoogleアカウントのGmailアドレスへメールが届く。件名に予定の詳細が記載されておりわかりやすい。

127

ストレージ

パソコンとのデータのやりとりに最適なクラウドストレージサービス

クラウドを意識せずにパソコンやスマホでデータを同期できる

スマートフォンのデータをパソコンで開きたい時や、逆にパソコンのファイルをスマートフォンに転送したい時、いちいちUSBケーブルやWi-Fiで接続して転送するのは手間がかかって面倒だ。そこで活用したいのが、スマホやパソコン、タブレットなど、さまざまな端末内のファイルやフォルダを同期してくれるクラウドストレージサービスだ。

「Dropbox」は、多くのユーザーが使っている代表的なクラウドストレージサービス。アプリをインストールし同じアカウントでサインインすれば、スマホやパソコン、タブレットなど、さまざまな端末でクラウド上のデータを同期でき、いつでもどの端末からでも同じファイルやフォルダを利用できるようになる。パソコンのDropboxフォルダへファイルを入れておけば自動でクラウドへアップロードされ、スマートフォンからもすぐにそのファイルを利用でき、スマートフォンのファイルをDropboxにアップロードすれば、自動的にパソコンやタブレットのDropboxフォルダに表示され、すぐに利用可能だ。DropboxのクラウドにはWebブラウザからもアクセス可能。いざという時は知人のパソコンからアクセスし、データをダウンロードすることもできる。

APP

Dropbox
作者／Dropbox, Inc.
価格／無料

Dropboxへログインしてクラウドストレージを利用

1 Dropboxへサインインする

Dropboxのアカウントを持っていれば、「ログイン」をタップしてサインインしよう。持っていない場合は、GoogleアカウントやApple IDでサインインするか、「登録」から新規アカウントを作成する。

2 カメラアップロードを設定する

「カメラアップロード」は、カメラアプリで撮影した写真や動画が自動的にDropboxへアップロードされる機能。必要に応じてオンにしておこう

画面左上の三本線のボタンをタップしてサイドメニューを開き、続けて「設定」をタップ。必要に応じて設定画面で「カメラアップロード」をタップしてオンにしよう。

3 同期されたファイルを操作

下部メニューの「ファイル」画面を開くと、ファイル一覧が表示される。閲覧したいファイルを探してファイル名をタップしよう。ファイル名のロングタップで選択状態になり、各種操作を行える

4 同期されたファイルの閲覧

ファイルを他のアプリで開きたいときは、このボタンをタップし、続けて「次で開く」をタップしてアプリを選択

ファイル名をタップすると、ファイル形式に応じて内蔵ビューワや他のアプリでファイルを閲覧できる。テキストファイルは、内蔵エディタの「Dropboxテキストエディタ」で編集することも可能だ。

5 他のアプリのファイルを保存

各アプリの「共有」メニューから「Dropbox」→「Dropboxに追加」をタップしてファイルをアップロードする

他のアプリからデータをDropboxへ保存する場合は、各アプリの共有メニューから「Dropboxに追加」をタップする。URLリンクなどは、テキストファイルとして保存される。

6 大きなファイルを受け渡す

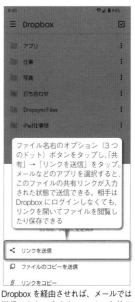

ファイル名右のオプション（3つのドット）ボタンをタップし、「共有」→「リンクを送信」をタップ。メールなどのアプリを選択すると、このファイルの共有リンクが入力された状態で送信できる。相手はDropboxにログインしなくても、リンクを開いてファイルを閲覧したり保存できる

Dropboxを経由させれば、メールでは送信できない大きなファイルも他のユーザーへ受け渡しできる。相手がDropboxユーザーでなくても大丈夫だ。

仕事効率化

128 クラウド

Dropboxとスマートフォン内のフォルダを同期する

端末内のフォルダとDropboxのフォルダを自動で同期

スマートフォン内の指定したフォルダと、Dropboxの指定したフォルダを自動的に同期させるアプリが、この「Dropsync」だ。カメラアップロード機能のように端末のファイルを自動アップロードするだけでなく、パソコンなどから追加したファイルも、端末側に自動ダウンロードするようになる。

APP
Autosync for Dropbox - Dropsync
作者／MetaCtrl
価格／無料

1 アプリを起動しDropboxと接続

「自分でフォルダの〜」ではなく「テスト用のフォルダの〜」をタップすると、「DropsyncFiles」というフォルダがDropboxとスマートフォン上に作成され、同期される

起動後、「Dropboxと接続」をタップし接続処理を行う。次に「同期の詳細を設定する」→「自分でフォルダのペアを作成する」をタップし、同期するフォルダを選択。

2 同期するフォルダを選択する

「Dropbox内のリモートフォルダ」と「デバイス上のローカルフォルダ」それぞれの空欄部分をタップし、同期したいフォルダを選択。同期方法を選択し、「保存」をタップする。

3 ペアを設定したフォルダが同期開始

このボタンをタップして同期

デフォルトでは自動同期が有効になっている。画面右下の同期ボタンをタップすることでも随時同期可能。なお、複数フォルダを同期するには課金が必要だ。

129 クラウド

パソコンのデスクトップのファイルをスマホから利用する

Dropboxのバックアップ機能を利用しよう

会社のパソコンの書類を、スマートフォンで確認したり途中だった作業を再開したい場合は、Dropbox（No127で解説）の「Dropbox Backup」機能を利用するのがおすすめだ。パソコンのデスクトップなどに保存しているフォルダやファイルが丸ごと自動同期されるので、特に意識することなくスマートフォンでも扱える。なお、Dropboxのストレージ容量を超えると同期は停止してしまうので、無料版で使える容量の2GBでは心もとない。月額1,200円で2TBまで使える「Plus」プランを契約するのがおすすめだ。

1 バックアップを管理をクリック

クリック

バックアップを管理

パソコンでシステムトレイにあるDropboxアイコンをクリックし、右上のユーザーボタンから「基本設定」をクリック。続けて「バックアップ」タブの「バックアップを管理」ボタンをクリックする。

2 デスクトップを選択して同期

「デスクトップ」にチェック。下部の「詳細」から他のフォルダも選択できる

Dropbox Backupの設定画面が表示されるので、同期したいパソコンのフォルダを選択しよう。たとえば仕事の書類をデスクトップで整理しているなら、「デスクトップ」だけチェックを入れて「設定」をクリックし、指示に従って設定を進める。フォルダ一覧の下部にある「詳細」をクリックすると、他のフォルダを選択することも可能だ。なお、「デスクトップ」や「ドキュメント」などの保存場所がデフォルトから変更されていると、そのフォルダからバックアップ対象に設定できないので注意しよう。デフォルトの場所に戻すとバックアップできる。

3 同期したパソコンのフォルダにアクセス

Chromeで Dropboxにアクセスし、左上のドットが四角く並んだボタンをタップして「Backup」を選択

「PC」をタップすると、デスクトップなどの同期したフォルダにアクセスできる

原稿執筆時点ではDropbox Backupがベータ版として実装し直されており、Dropboxアプリから同期したフォルダにアクセスできなくなっている。ChromeでDropboxにアクセスしてデスクトップのファイルを確認しよう。

130
ToDo

タスクをスマートに管理できるToDoアプリ

使いやすいUIを搭載した次世代のToDo管理アプリ

「Todoist」は、タスク管理の面倒臭さを極限まで排除したクラウドベースのタスク管理アプリだ。各タスクの締切日や繰り返し、サブタスク、優先順などをサクサク設定でき、日々のやるべきことを効率的に管理できる。登録したタスクは、他のスマートフォンやパソコンでも閲覧／管理が可能だ。

APP

Todoist
作者／Doist
価格／無料

1 新規タスクを追加しておこう

「＋」ボタンをタップしたら、「企画書作成　来週火曜日」といったように、タスク名とタスクの締切日を入力。この送信ボタンをタップすればタスクが登録される

アプリを起動したら下部の「＋」ボタンで新規タスクを登録しよう。入力欄では、スペースで区切ることでタスクの締切日とタスク名を同時に入力可能。

2 タスクの完了操作は右スワイプで

タスクの左端にあるチェックボックスをタップすれば完了できる

完了したタスクは一覧画面で左端の「〇」をタップすればOK。また、タップで選択したタスクは、画面下の各種ボタンで再編集などが可能だ。

3 締切日の変更もサクッとできる

タスクを左にスワイプすれば、下のような画面になり、締切日の変更を簡単に行うことが可能

131
ホワイトボード

複数人で同時に書き込めるホワイトボードアプリ

同じ画面を見て情報を視覚的に共有できる

会議室のホワイトボードを使って視覚的に共有していた情報は、オンラインミーティングだと伝えるのが意外と難しい。そこで利用したいのが、複数人で同じ画面に書き込めるホワイトボードアプリだ。「Microsoft Whiteboard」なら、手書きだけでなく、テキスト入力やメモの追加、Word文書の挿入なども可能だ。

APP

Microsoft Whiteboard
作者／Microsoft Corporation
価格／無料

1 共有リンクをコピーして相手に送信する

オンにする

タップして共有リンクをコピー

ホワイトボード画面を開いたら、右上のオプションボタンで「共有」をタップし、「リンクを共有」のスイッチをオン。続けて「リンクのコピー」をタップし、共有したい相手にリンクを送信する。

2 同じホワイトボードに書き込みできる

Androidだけでなく、iOS／iPadOS用やWindows用のアプリが用意されているほか、Webブラウザからもアクセスできるなど、幅広いユーザー同士で画面を共有できる

共有リンクからアクセスしたすべてのユーザーが、同じ画面に書き込める。ペンツールで手書き入力できるほか、テキストやメモ、画像なども挿入できる。

3 会議内容に合ったテンプレートを使う

新しいアイデアを生み出すための「ブレーンストーミング」や、トラブルの特定や改善を目指す「問題解決」などから選択しよう

下部メニューの「＋」ボタンから「テンプレート」をタップすると、利用シーンに合わせて書き込みやすいテンプレートを選択できる。

132
クリップボード

マスト！ クリップボードの履歴を残して効率よくコピペする

Gboardならコピーしたテキストや画像の履歴が残る

Androidスマートフォンの実質的な標準キーボードとなっている「Gboard」には、クリップボード機能が用意されている。機能を有効にすると、コピーしたテキストや画像の履歴が残るようになり、簡単に貼り付けることが可能だ。コピーしたテキストや画像は、1時間後に自動で消去されるが、履歴をロングタップして「固定」をタップすると、時間が経過しても残ったままになる。挨拶文やメールアドレス、住所など、よく利用するテキストは固定して残しておくと、繰り返し利用できて便利だ。

1 Gboardのクリップボードを有効にする

タップ

履歴からタップして貼り付け

クリップボードをオンにする

Gboardのキーボードが表示された状態で、上部メニューのクリップボードボタンをタップ。続けて「クリップボードをオンにする」をタップすると、機能が有効になる。

2 クリップボードの履歴から貼り付ける

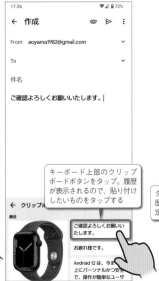

キーボード上部のクリップボードボタンをタップ。履歴が表示されるので、貼り付けしたいものをタップする

テキストや画像のコピー履歴がクリップボード画面に残るようになり、履歴をタップすれば貼り付けできる。クリップボードの内容は1時間後に消去される。

3 時間経過で消去されないように固定する

タップして固定。固定した履歴は、ロングタップして「固定を解除」で解除できる

履歴をロングタップして「固定」をタップしておくと、1時間が経過しても消去されない。挨拶文やメールアドレス、住所など、繰り返し使いたい履歴は固定しておこう。

133
印刷

外出先のコンビニで書類をプリントアウト

家にプリンタがなかったり、外出先で書類を印刷する必要に迫られた時に便利なのが、スマートフォンからファイルをアップロードしてコンビニのマルチコピー機で印刷できる、ネットプリントサービスだ。「かんたんnetprint」は、全国のセブンイレブンで印刷できるアプリ。会員登録なども一切不要で、PDFや写真、オフィス文書などの書類を、最大A3サイズの普通紙やはがき、フォト用紙にプリントできる。なお、近くにセブンイレブンがない場合は、ファミリーマート／ローソン／ポプラで印刷できる「PrintSmash」アプリを利用しよう。

右下の「＋」から印刷したい写真や書類を選び、用紙サイズやカラーモードを選択したら、「登録」をタップ

「QRコードを表示」をタップし、QRコードをセブンイレブンのマルチコピー機にかざせば印刷できる

APP
かんたんnetprint
作者／FUJIFILM Business Innovation Corp.
価格／無料

134
文書作成

マスト！ 長文入力に最適の軽快テキストエディタ

スマートフォンで文章をガッツリ書きたい時にオススメのテキストエディタ。非常に細かいカスタマイズが可能で、レスポンスも良く快適に長文入力ができる。文字コードを変更できるので、文字化けしたテキストを開く際にも利用したい。

APP
Jota+
作者／Aquamarine Networks.
価格／無料

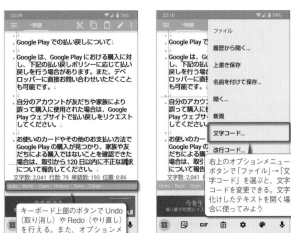

キーボード上部のボタンでUndo（取り消し）やRedo（やり直し）を行える。また、オプションメニューボタンから「設定」を開き、「フローティングボタン」を設定すると、各種機能を割り当てた丸いボタンを画面上に表示できる

右上のオプションメニューボタンで「ファイル」→「文字コード」を選ぶと、文字コードを変更できる。文字化けしたテキストを開く場合に使ってみよう

135 マルチウィンドウで 文章を効率的に 編集する

文書作成

No006で解説したマルチウィンドウ機能で画面を分割すると、テキストのコピー&ペーストも簡単に行える。まず、片方の画面でテキストをコピーしたいアプリを開き、もう片方にはテキストを貼り付けたいアプリを開いておく。テキストを選択してロングタップすると、テキストが少し浮いた状態になるので、もう片方の画面のテキスト入力欄までドラッグしよう。これだけでペーストできる。いちいちテキストを選択してメニューからコピーをタップし、別のアプリに貼り付けるよりも手軽なのでぜひ活用しよう。

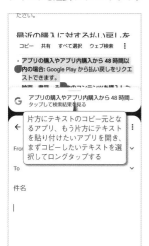

片方にテキストのコピー元となるアプリ、もう片方にテキストを貼り付けたいアプリを開き、まずコピーしたいテキストを選択してロングタップする

テキストが浮いた状態になったら、そのままもう片方のアプリの画面内にドラッグ&ドロップするだけで、テキストを貼り付けできる。Googleドキュメントなど、アプリによっては貼り付けできないものもある

136 言い換え機能が助かる 文章作成アプリ

文書作成

文章を書いていると、つい同じ表現や言い回しを多用しがちという人におすすめの文章作成アシストアプリが「idraft」だ。文章を入力して「言い換え」ボタンをタップするだけで、言い換えや類語がある語句をリストアップして、候補を提案してくれる。

APP
idraft by goo
作者／NTT Resonant Inc.
価格／無料

下書き画面で新規作成ボタンをタップして文章を作成したら、キーボード上部に表示される「言い換え」ボタンをタップしてみよう

言い換えがある語句は候補が表示され、タップするとその候補に修正できる。重要なメールや資料作成の下書きに活用しよう

137 文章を縦書きで 入力する

文書作成

スマートフォンで小説やシナリオを執筆するのに最適な、縦書き対応のテキストエディタが「TATEditor」だ。漢字にルビを振ったり強調したい部分に傍点を付けられるほか、PDF形式での出力や文字数カウント、行番号表示など多彩な機能を備える。

APP
TATEditor
作者／Ryo Nonaka
価格／無料

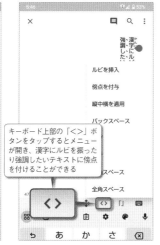

「+」ボタンで新規テキストを作成し、縦書きで小説やシナリオを執筆できる。作成したテキストは、エピソードごとにプロジェクト単位でまとめて管理できる

キーボード上部の「<>」ボタンをタップするとメニューが開き、漢字にルビを振ったり強調したいテキストに傍点を付けることができる

138 パソコンとも 同期できる 定番ノートアプリ

文書作成

スマートフォンとパソコンで同じメモを利用したい時は、Microsoftの定番ノートアプリ「OneNote」が使いやすい。作成したノートはOneDriveで同期され、デバイスを選ばず利用可能だ。また手書き入力にも対応するほか、画像や音声なども挿入できる。

APP
Microsoft OneNote
作者／Microsoft Corporation
価格／無料

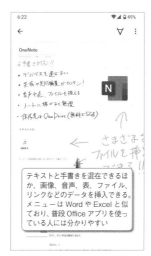

テキストと手書きを混在できるほか、画像、音声、表、ファイル、リンクなどのデータを挿入できる。メニューはWordやExcelと似ており、普段Officeアプリを使っている人には分かりやすい

作成したノートはOneDriveに保存され、パソコン版のOneNoteアプリでも同じメモを編集できる。ページサイズに制限がなく自由にレイアウトできるので、企画のアイデアを書き留めたり、調べた情報を貼り付けてまとめる使い方に向いている

139

文字起こし

議事録作成にも活躍する
無料文字起こしアプリ

会議や授業の音声を
あっという間に
テキスト変換

LINE が提供する AI 音声認識アプリが「LINE CLOVA Note」だ。内蔵マイクで録音するか、別途録音した音声を読み込むと、自動でテキストに変換してくれる。変換精度はかなり高く、「話者分離」機能により、話している人を認識して自動で振り分けて表示する。日本語以外に英語、韓国語にも対応している。

APP

LINE CLOVA Note
作者／WORKS MOBILE Japan Corp.
価格／無料

1 音声を録音するか 読み込む

タップ

「音声録音」か「ファイルアップロード」をタップ

新しいノートを作成

録音か、ファイルをアップロードしてノートを作ってみてください。
一度に最長180分まで作成できます。

音声録音　ファイルアップロード

アプリを起動して LINE アカウントでログイン。下部の「+」をタップし、マイクで録音を開始するか、すでに録音済みの音声データを選択して読み込もう。

2 マイクで録音中の 画面

タップして録音終了

録音中はこのような画面。左下のボタンをタップして録音を停止し、シチュエーションなどを選択すると、テキスト変換が開始される。

3 音声がテキストに 変換された

音声がテキストに変換され、発言者を認識して自動で会話ごとに表示してくれる。変換精度はかなり高いが、もちろん変換ミスはあるので、上部の鉛筆ボタンをタップしてテキスト内容を修正しよう。発言者の名前も変更が可能だ

140

電卓

さまざまな計算を
柔軟に行える電卓アプリ

メモの挿入や
計算結果の利用など
便利な機能が満載

メモ帳と電卓が融合した電卓アプリ。メモ帳タイプのインターフェイスに計算式を入力すると、自動で計算結果が表示される。計算式は同時にいくつも入力でき、全計算式の結果の合計も表示される。文字でメモを加えることも可能だ。計算式の途中を編集したり、計算式の結果を別の計算式に利用するなど、極めて柔軟な処理を行える。

APP

CalcNote - 計算式電卓
作者／burton999 calculator developer
価格／無料

1 複数の計算式を 入力していく

飛行機の場合
14000 * 2 + 2000 バス

このように計算式内に文字を混在させることも可能。ただし、計算式の行内に全角の記号を入力すると計算結果が表示されないなど、NG な書式もあるので注意しよう。また、結果の数値をタップすると、税込や税別の数値もすぐに確認できる

メモ帳のような画面に計算式を入力。「ABC」ボタンで文字入力、「123」ボタンで計算式に切り替える。各計算式の結果と、全計算式の合計も瞬時に表示。

2 計算式の結果を 別の計算式で利用

$4 + $6

4 行目と 6 行目の計算式の結果を加算

各計算式の赤い行番号をタップすると、その計算式の結果を別の計算式内で再利用できる。また、計算式にカーソルを合わせれば、文章のように再編集可能だ。

3 計算した内容を 保存する

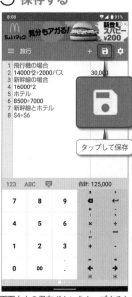

タップして保存

画面右上の保存ボタンをタップすると、計算内容（メモのページ全体）に名前を付けて保存できる。「+」をタップすると、新規ファイルを作成。

141

ドキュメント共有

複数のメンバーで
書類を共同編集したい

Googleドライブで
作成したファイルは
共同編集できる

標準インストールされている「Googleドライブ」は、Googleのクラウドストレージを利用するためのアプリだが、オンラインオフィスとしての機能も備えている。Microsoft Officeと互換性のある独自形式のドキュメント文書やスプレッドシートを作成して、他のユーザーと簡単に共同編集できるので、ビジネスシーンなどに活用しよう。なお、ファイルの編集には「ドキュメント」「スプレッドシート」などのアプリを使うので、標準インストールされていない場合は別途Playストアから入手する必要がある。

1 ファイルの
共有をタップ

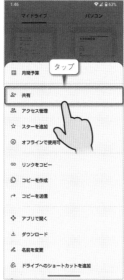

タップ

Googleドライブで作成したドキュメント文書やスプレッドシートを共同編集するには、まずファイル名右のオプションメニュー（3つのドット）から「共有」をタップする。

2 共有したい相手に
招待メールを送る

共有するユーザーに書類の編集権限も与えるなら「編集者」、閲覧のみに制限するなら「閲覧者」を選ぼう

共有したいユーザーのメールアドレスとメッセージを入力し、送信ボタンをタップ。「編集者」をタップすると、編集権限の変更も行える。

3 ファイルのリンクを
共有する

「アクセス管理」画面で「一般的なアクセス」の「変更」をタップ。「制限付き」ではなく「リンクを知っている全員」に変更して、編集権限の有無などを設定する。右上のリンクボタンをタップすると、共有リンクがコピーされる

リンクを知っている全員とファイルを共有するには、オプションメニューから「アクセス管理」→「変更」をタップし「リンクを知っている全員」に変更。コピーしたリンクを伝えればよい。

142

音声入力

長文入力にも対応
できる音声入力機能

キーボード
より高速に
入力できる

スマートフォンの文字入力が苦手な人は、音声入力の快適さを知っておこう。Android端末には「Google音声入力」が標準で用意されており、キーボード上のマイクボタンをタップすればすぐ利用できる。認識精度は非常に高く、喋った内容はほぼリアルタイムでテキストに変換してくれる上に、声を認識しないといった事もほとんどない。メッセージの簡単な返信や、ちょっとしたメモに便利なだけでなく、長文入力にもおすすめだ。言い回しを覚えておけば、句読点の入力や改行、段落の変更も音声入力で行える。

1 Google音声入力
に切り替える

切り替えできない時は、「設定」→「システム」→「言語と入力」→「画面キーボード」→「画面キーボードを管理」で「Google音声入力」を有効にする

設定で「Google音声入力」が有効になっていれば、キーボードに用意されたマイクボタンをタップすることで、音声入力モードに切り替えできる。

2 音声でテキストを
入力する

Gboardの場合はキーボードが表示されたままになり、マイクボタンをタップするか、文字を入力すると音声入力が終了する

その他のキーボードではGoogle音声入力の画面に切り替わる。左上のボタンをタップすると元のキーボードに戻る

マイクに話しかけると、自動的に日本語変換されテキストが入力される。マイクボタンや戻るボタンをタップすると音声入力が終了する。

3 句読点や改行、
段落変更も可能

句読点や改行、段落の音声入力は、言い回しがやや特殊なので覚えておこう

「とうてん」と話すと「、」が、「まる」と話すと「。」が入力される。また「あたらしいぎょう」で改行できるほか、「あたらしいだんらく」と話すと1行空けて改行される。

143

音声入力

音声入力した文章を同時に
パソコンで整える連携技

Googleドキュメントを使った最速編集テク

No142の通り、Google音声入力はかなり実用的なレベルで使えるものの、句読点や改行、段落の音声入力が特殊で認識精度も甘い。また、テキストの入れ替えや、コピー＆ペーストといった操作もスマートフォンでは面倒だ。そんな欠点を解消してくれるのが、Googleドキュメントと音声入力の連携技。スマートフォンとパソコンで同じGoogleドキュメントの画面を開いておけば、スマートフォンで喋ってテキストを音声入力しながら、パソコンの画面上で句読点や改行を入力したり、誤字脱字も即座に修正できる。

1 Googleドキュメントアプリで音声入力

まずはスマートフォンでGoogleドキュメントアプリを開き、Google音声入力でテキストを入力していこう。

2 句読点や改行はパソコン側で入力

パソコン側で句読点や改行を入力して文章を整えよう

スマートフォンのGoogleドキュメントアプリで音声入力したテキストは、パソコンのGoogleドキュメント（https://docs.google.com/document/）にもリアルタイムで表示されていく。音声入力のテキストに誤字脱字があれば、パソコン側で入力すればよい。スマートフォン側の画面にもすぐに反映される。

144

PDF

マスト！

PDFファイルのページを
整理、編集する

Acrobatでは有料の機能を無料で使える

PDFファイルのページを操作したい場合は、この「Xodo PDF Reader & Editor」を利用しよう。ページの追加や削除はもちろん、移動や抽出、別のPDFファイルの挿入などを無料で行うことができる。サイズの重いファイルもスムーズに扱うことが可能だ。仕事でPDFの書類を多用するユーザーは、ぜひ試してみよう。

APP

Xodo PDFリーダー＆エディター
作者／Apryse Software Inc.
価格／無料

1 まずはページの一覧を表示する

このボタンをタップ

PDFファイルを開いたら、画面をタップし、下部に表示されるボタンでページ一覧を表示しよう。一覧画面で各種ページの操作を行える。

2 ページの削除や複製、抽出を行う

オプションメニューで、選択ページの複製や抽出も行える

ページをロングタップして選択。1ページ選択状態になれば、他のページはタップして複数選択していける。画面上部のゴミ箱ボタンで削除可能。

3 ページの配置変更や別PDFの挿入

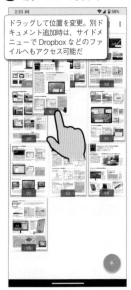

ドラッグして位置を変更。別ドキュメント追加時は、サイドメニューでDropboxなどのファイルへもアクセス可能だ

移動したいページをドラッグすれば、位置を変更可能。また、画面下部の「＋」→「別ドキュメントの追加」で、別のPDFを選択し、挿入できる。

設定と
カスタマイズ

ハイスペックで自由度の高いスマートフォンは、
自分仕様にカスタマイズすることで、
飛躍的に操作性がアップする。
各種設定を見直すと共に先進的なアプリを導入し、
スペシャルな端末に仕上げよう。

S E C T I O N

145

ホーム画面

マスト！

ホーム画面を好みのデザインに
カスタマイズしよう

見た目も操作性も
ガラッと変えられる
ホームアプリ

　Android端末のホーム画面は、「ホームアプリ」をインストールすることで、デザインを自由に変更できる。特にカスタマイズ性の高さと豊富な機能で人気のホームアプリが「Nova Launcher」だ。アイコンのデザインや配置可能数、エフェクトなど、さまざまな設定を変更して、自分好みのホーム画面に仕上げよう。

APP

Nova Launcher ホーム
作者／TeslaCoil Software
価格／無料

section
6

1 Nova Launcherを
標準ホームアプリに

デフォルトのホーム
アプリ

○　⌂　AQUOS Home

○　⌂　AQUOSかんたんホーム

◉　◎　Nova Launcher

アプリを起動すると初期レイアウトを設定できる。設定を済ませたら、「設定」→「ホーム切替」や、「アプリ」→「標準のアプリ」などの画面で、ホームアプリとして「Nova Launcher」を選択すると、標準のホーム画面がNova Launcherになる

アプリを起動して設定を済ませ、続けて「設定」→「ホーム切替」や、「アプリ」→「標準のアプリ」といった項目から、ホームアプリをNova Launcherにしておこう。

2 アイコンの表示数や
レイアウトを変更

デスクトップのグリッド数

4

5

6

サブグリッドの位置　ⓘ　☑

キャンセル　　完了

ホーム画面の空いた場所をロングタップし、「設定」をタップ。ホーム画面やドックのアイコン表示数、アイコンのレイアウト、スクロール効果などを変更していこう。

3 自分好みのホーム
画面にカスタマイズ

有料版を購入すれば、ジェスチャーなども設定できるようになる。また、Nova Launcherに対応するアイコンパックやテーマを追加インストールすれば、更に自由度の高いカスタマイズが可能だ

146

ウィジェット

柔軟にカスタマイズできる
ウィジェットを利用する

自分で工夫して
ウィジェットを
作成できる

　Android端末では、時計や天気予報、カレンダー、ニュースなど、さまざまな情報を表示できるパネル状のツール、「ウィジェット」をホーム画面に配置できるが、たいていデザインが決まっており自由度も低い。カスタマイズ性の高い「KWGT Kustom Widget Maker」を使って、オリジナリティ溢れるホーム画面を構築しよう。

APP

KWGT Kustom Widget Maker
作者／Kustom Industries
価格／無料

1 好きなサイズの
ウィジェットを配置

Q 検索

ロングタップして
ホーム画面に配置

KWGT 1x1
1x1

KWGT 2x2
2x3

KWGT 2x4
2x4

ホーム画面をロングタップして「ウィジェット」をタップ。「Kustom Widget」の好きなサイズのウィジェットを選び、ホーム画面に配置しよう。

2 プリセットから
ウィジェットを選択

探索

＋ 作成する　　読み込み

自分で新規ウィジェットを作成

新しいパックを探しに行く　＞

huk kwgt
gglick EN

インストールしてある
パック

プリセットから選択

基本パック

配置した空ウィジェットをタップし、プリセットから好きなウィジェットを選ぼう。または、「作成する」ボタンから自分で新規ウィジェットを作成することもできる。

3 ウィジェットを
細かく編集する

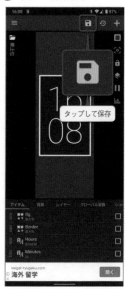

タップして保存

テキストや図形を自由に編集し、保存ボタンをタップすれば配置される。かなり自由度が高いので、まずはプリセットをベースにして編集方法を覚えよう。

147
アイコン

ホーム画面をアイコンパックでカスタマイズ

ホーム画面のアイコンデザインを変えたいなら、「Long Shadow Icon Pack」のようなアイコンパックを使おう。Play ストアで「Icon Pack」などをキーワードに検索すれば多数見つかる。ただし、利用には対応するホームアプリも必要だ。

APP

Long Shadow Icon Pack
作者／SrboDroid.com
価格／無料

あらかじめホームアプリをインストールしておき、Long Shadow Icon Pack を起動したら、「APPLY」をタップ。アイコンを変更したいホームアプリを選択しよう

フラットなロングシャドウアイコンに変更される。デザインを元に戻すには、ホームアプリ側の設定でアイコンテーマを変更すればよい。例えば「Nova Launcher」の場合は、「Nova の設定」→「外観と操作感」→「アイコンスタイル」で、アイコンテーマを「Long Shadow」から「システム」に変更すれば OK

148
ホーム画面

ホーム画面も横向きで利用したい

スマートフォンは本体を横向きにすると、アプリの画面も回転して横向き表示で使えるようになっているが、ホーム画面は基本的に横向き表示にならない。しかし機種によっては、ホーム画面も横向き表示で使えるよう設定を変更することが可能だ。まずホーム画面の空いたスペースをロングタップして、「ホームの設定」をタップしよう。続けて「ホーム画面の回転を許可」をオンにすると、本体を横向きにした時にホーム画面も回転するようになる。自動回転がオフの状態でも回転させることが可能だ（No005 で解説）。

ホーム画面の空いたスペースをロングタップして、「ホームの設定」をタップする

通知ドットに件数表示
通知ドットに通知の件数を表示する

ホーム画面にアプリのアイコンを追加
新しいアプリをダウンロードしたときに自動で追加します

おすすめのアプリを表示
[お気に入りトレイ]と[すべてのアプリ]の上

Google表示

Google アプリの表示
メインのホーム画面の左側

「ホーム画面の回転を許可」をオンにしておくと、本体を横向きにした時にホーム画面も回転するようになる

ホーム画面の回転を許可
スマートフォンの向きに合わせます

149
文字サイズ

マスト！

表示される文字のサイズを変更する

スマートフォンの文字サイズが小さくて見づらいなら、「設定」→「ディスプレイ」で「表示サイズとテキスト」といった項目を探そう。「フォントサイズ」のスライダーを右にドラッグするか「+」ボタンをタップすると、プレビューで確認しながら文字サイズを大きくできる。機種によるが 4 ～ 5 段階で調整可能だ。文字サイズを最大にしてもまだ見づらいなら、「表示サイズ」のスライダーを動かすと文字や画面が全体的に大きく表示されるほか、「テキストを太字にする」をオンにすると文字が太字で見やすくなる。

「設定」→「ディスプレイ」→「表示サイズとテキスト」で、「フォントサイズ」のスライダーを右に動かすと、文字サイズを大きくできる。上のプレビューで見え方を確認しながら調整しよう

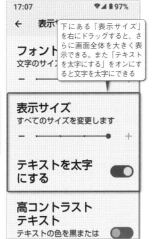

下にある「表示サイズ」を右にドラッグすると、さらに画面全体を大きく表示できる。また「テキストを太字にする」をオンにすると文字を太字にできる

表示サイズ
すべてのサイズを変更します

テキストを太字にする

高コントラストテキスト
テキストの色を黒または

150
ホーム画面

マスト！

ホーム画面のアプリ配置数を変更する

スマートフォンのホーム画面ではアプリの表示数が決まっているが、この数を変更できる場合もある。ホーム画面の空いた場所をロングタップし、「ホームの設定」→「ホーム画面グリッド」といった項目をタップしよう。アプリを縦横いくつまで配置できるようにするか変更できる。表示数を増やすことで、ウィジェットで使用できる枠も広げることが可能だ。なお Nova Launcher（No145 で解説）などのホームアプリを使えば、さらに表示数を増やして、ホーム画面に大量のアプリやウィジェットを配置することもできる。

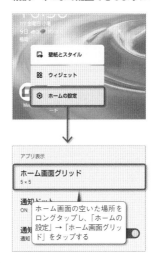

ホーム画面の空いた場所をロングタップし、「ホームの設定」→「ホーム画面グリッド」をタップする

アプリ表示

ホーム画面グリッド
5 × 5

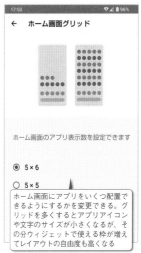

ホーム画面グリッド

ホーム画面のアプリ表示数を設定できます

◉ 5 × 6
○ 5 × 5

ホーム画面にアプリをいくつ配置できるようにするかを変更できる。グリッドを多くするとアプリアイコンや文字のサイズが小さくなるが、その分ウィジェットで使える枠が増えてレイアウトの自由度も高くなる

151

画面設定

使用中は
スリープ状態に
ならないようにする

スマートフォンは、一定時間無操作だとスリープ状態に移行するが、長文などをじっくり楽しんでいるときにも画面が消えてしまうのが困りもの。このアプリを使えば、起動中は自動スリープを一時的に無効にしてくれる。放置ゲームの進行などにも便利だ。

APP

NeverSleeper
作者／For Innovation
価格／無料

「起動」をタップすると通知パネルに常駐し、自動スリープが無効になる。通知パネルを開いて NeverSleeper の「タップして終了する」をタップするとスリープが有効に戻る

スリープさせない設定を独自に備える機種もあるので確認しておこう。AQUOS シリーズなら「設定」→「AQUOS トリック」→「Bright Keep」で、スマホを手で持っている間はスリープさせない設定や、スマホを置いた時にホーム画面以外を表示中はスリープさせない設定が可能だ

152

ホーム画面

インストールした
アプリをホーム画面
にも表示

Play ストアからアプリをインストールしても、ホーム画面にアイコンが表示されない場合は、ホーム画面の設定を確認してみよう。ホーム画面の何もない場所をロングタップし、「ホームの設定」をタップ。「ホーム画面にアプリのアイコンを追加」といった項目が用意されているので、これをオンにしておけばよい。なお、ドロワー画面（アプリ管理画面）がないタイプのホームアプリでは、アプリをインストールすると自動的にホーム画面にアイコンが配置されるので、この設定項目が用意されていない場合がある。

ホーム画面の空いたスペースをロングタップして、「ホームの設定」をタップする

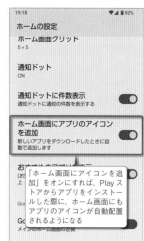

「ホーム画面にアイコンを追加」をオンにすれば、Play ストアからアプリをインストールした際に、ホーム画面にもアプリのアイコンが自動配置されるようになる

153

通知

わずらわしい
アプリの通知表示を
個別にオフ

アプリの通知は便利な機能だが、頻繁に通知が発生するアプリを放っておくと、ステータスバーに表示が大量に並び、いちいち消去するのが面倒になる。通知が不要なアプリは機能をオフにしてしまった方がいいだろう。通知をオフにするには、「設定」を開いて「アプリ」でアプリをすべて表示し、該当するアプリの詳細を開く。続けて「通知」をタップし、一番上のスイッチをオフにすると、通知表示をすべて無効にできる。アプリの設定メニューに詳細な通知設定がある場合もあるので、チェックしておこう。

「設定」→「アプリ」画面からアプリを選んでタップ。続けて「通知」をタップする

一番上のスイッチをオフにすれば、そのアプリの通知機能を全てオフにできる

154

通知

ロック中は
通知を表示しない
ようにする

新着メールやメッセージが届いた際は、ロックを解除しなくても、ロック画面の通知でメッセージ内容の一部や件名を確認できる。ただ、ロック画面は誰でも見ることができるので、メッセージ内容を表示したくない人もいるだろう。そんな時は、ロック画面の通知方法を変更すればいい。設定画面は機種によって違うが、「ディスプレイ」や「通知」などの設定から、ロック画面の通知設定を探し、「プライベートな内容を非表示」を選択しよう。または通知をオフにしてもいい。

AQUOS sencee6 の場合は、「設定」→「ディスプレイ」→「ロック画面」→「プライバシー」をタップ

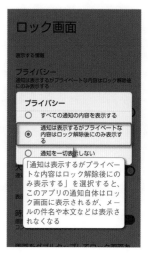

「通知は表示するがプライベートな内容はロック解除後にのみ表示する」を選択すると、このアプリの通知自体はロック画面に表示されるが、メールの件名や本文などは表示されなくなる

155

通知

通知音のサウンドを変更する

アプリの通知が届いた際に鳴る通知音は、「設定」→「着信音とバイブレーション」→「デフォルトの通知音」をタップすれば、内蔵の通知音から好きなものに変更できる。「もっと通知音を探す」や「通知の追加」などの項目をタップして、自分で用意した通知音に変更することも可能だ。なお、ここで変更した通知音はすべてのアプリに適用されるが、「設定」→「アプリ」でアプリを選択し、「通知」をタップしてベルマークが表示された項目をタップすると、それぞれのアプリで個別に通知音を変更することもできる。

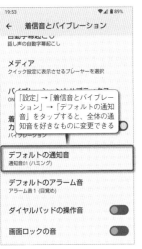

「設定」→「着信音とバイブレーション」→「デフォルトの通知音」をタップすると、全体の通知音を好きなものに変更できる

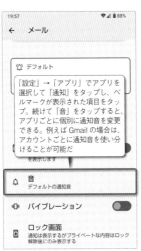

「設定」→「アプリ」でアプリを選択して「通知」をタップし、ベルマークが表示された項目をタップ。続けて「音」をタップすると、アプリごとに個別に通知音を変更できる。例えば Gmail の場合は、アカウントごとに通知音を使い分けることが可能だ

156

通知

通知のLEDをオフにする

新着メッセージなどが届いた際は、デフォルトだと端末の LED ライトが点滅して知らせる設定になっているが、LED の点滅は一瞬なので、端末が目に入る位置に置かれていないと気づきにくい。バッテリーの節約にもなるので、不要なら LED 通知はオフにしておこう。一部の機種では、「設定」の「通知」や「ディスプレイ」に「通知着信時の LED 点滅」項目が用意されており、LED の点灯を切り替えできる。通知音を鳴らさずに、LED の点滅だけで通知を確認したい場合などは、オンにしておこう。

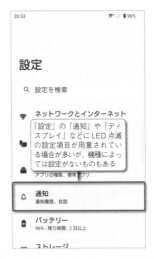

「設定」の「通知」や「ディスプレイ」などに LED 点滅の設定項目が用意されている場合が多いが、機種によっては設定がないものもある

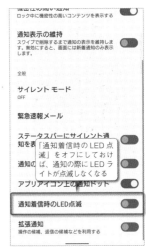

「通知着信時の LED 点滅」をオフにしておけば、通知の際に LED ライトが点滅しなくなる

157

通知

指定した時間に自動でサイレントモードにする

スマートフォンには、通知をオフにする「サイレントモード」機能が搭載されているが、指定した時間帯などの条件に従って自動で機能を有効にすることもできる。平日の夜はアラーム以外の通知音やバイブレーションを鳴らさないようにするなど、あらかじめいくつか作成済みのスケジュールが用意されているので、開始時間や終了時間を編集すればすぐに利用可能だ。スケジュールは「追加」で自由に作成できるほか、サイレントモード中でも通知を動作させる電話やメッセージの相手を選択するなど、柔軟な設定も行える。

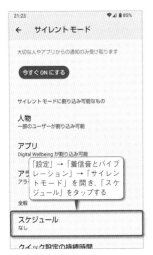

「設定」→「着信音とバイブレーション」→「サイレントモード」を開き、「スケジュール」をタップする

あらかじめ用意されたスケジュールをタップすると、曜日や開始／終了時間を変更できる。スイッチをオンにするとそのスケジュールが有効になる。自分でスケジュールを作成するには「追加」をタップしよう

158

ジェスチャー

背面をタップして各種機能を利用する

Google Pixcel など一部の機種には、本体の背面をトントンッと2回タップするだけで、特定の機能を実行できる「クイックタップ」が搭載されている。「設定」→「システム」→「ジェスチャー」→「クイックタップでアクションを開始」で「クイックタップの使用」をオンにし、クイックタップで実行するアクションを選択しよう。スクリーンショットの撮影や、メディアの再生、通知の表示といった機能を割り当て可能だ。特定のアプリを起動するには、「アプリを開く」を選択して歯車ボタンからアプリを選択すればよい。

「設定」→「システム」→「ジェスチャー」→「クイックタップでアクションを開始」を開き、「クイックタップの使用」をオンにする。その後、「スクリーンショットを撮る」や「メディアを再生または一時停止」などのアクションを選択しよう。「アプリを開く」を選択して、歯車ボタンからクイックタップで起動するアプリを選択することもできる

スマートフォンの背面を2回トントンッとタップすることで、設定したアクションを実行できる

設定とカスタマイズ

Android Smartphone Benrisugiru Techniques

159 Wi-Fi
マスト！

Wi-Fiルータを最新で高速なものに変更する

スマートフォンを自宅のWi-Fiに接続して使っている時に、通信速度が遅いと感じるなら、ルータのスペックを確認してみよう。障害物や接続デバイスが多すぎて速度が低下している場合もあるが、Wi-Fiルータが古すぎて、そもそもスペック上の通信速度を発揮できないこともある。2020年頃から発売されたスマートフォンは、高速無線LAN規格「11ax」に対応したものが多いので、ルータ側も11axに対応した製品を使おう。なお、ひとつ前の「11ac」に対応したルータでも十分高速で、より手頃な価格で購入できる。

NEC
Aterm WX3600HP
実勢価格／13,600円

3階建て（戸建）、4LDK（マンション）までの間取りに向き、36台／12人程度まで快適に接続できる11ax（Wi-Fi 6）対応ルータ。

バッファロー
WSR-1800AX4S
実勢価格／6,700円

2階建て（戸建）、3LDK（マンション）までの間取りに向き、14台／5人程度まで快適に接続できる11ax（Wi-Fi 6）対応ルータ。

160 Wi-Fi
マスト！

Wi-Fiの速度が遅いときの確認ポイント

適切なWi-Fiルータ（No159で解説）を使っているのに、通信速度が遅いと感じるなら、接続している周波数帯を確認しよう。Wi-Fiには、「2.4GHz」と「5GHz」の2つの周波数帯がある。2.4GHz帯は、障害物に強く遠くまで電波が届くが、電子レンジなど家電の電波と干渉して速度が低下しやすい。5GHz帯は、他の家電と干渉せず安定して高速な通信が可能だが、障害物に弱く壁などがあると電波が届きにくい。基本的には5GHzに接続したほうが高速に通信できるが、障害物が多い環境なら2.4GHzに接続してみよう。

SSIDの名前に「a」や「A」、「5G」と表記されているのが5GHz帯の接続先になる。壁などの障害物を挟んでいないなら、こちらに接続したほうが高速で安定した通信が可能だ

SSIDの名前に「g」や「G」、「2.4G」と表記されているのが2.4GHz帯の接続先。障害物が多い環境では、5GHzと2.4GHzそれぞれで、Googleのインターネット接続テスト（No083で解説）を計測し、より高速な方に接続して使えばよい

161 デュアルSIM

デュアルSIMで2回線同時に利用する

1台のスマホで2つの回線を使い分けできる

仕事用とプライベート用などスマホを2台持ちしている人は、SIMカードを2枚挿入できるデュアルSIM対応スマホの利用がおすすめだ。2つの電話番号のどちらにかかってきても、1台のスマホで電話を受けられる。音声通話が安いプランとデータ通信が安いプランを契約してそれぞれの用途で使い分けたり、通信がつながらない時に別のキャリアで接続するといった使い方にも便利だ。物理的なSIMカードではなく本体にSIM情報を登録できるeSIM対応スマホであれば、eSIM対応のプランを契約してすぐに2回線を同時利用できる。

1 デュアルSIMやeSIM対応機種を用意

楽天モバイルや格安SIMなどで販売されているSIMフリー版であれば、デュアルSIMやeSIMに対応する機種が多い。ただし、同じ機種でもSIMフリー版ならデュアルSIMやeSIMに対応しているのに、キャリア版では使えないものもある。その場合は、そもそも機能がないので、SIMロックを解除してもデュアルSIMやeSIMが使えるようにはならない

まずはデュアルSIMやeSIMに対応したスマートフォンが必要だ。機種が同じでも、大手キャリア版はデュアルSIMやeSIMが使えないことがある。購入する機種は事前に対応状況をよく調べよう。

2 2つの通信プランを契約する

追加する回線をeSIMで契約すれば、すぐに2回線で利用できる

仕事用とプライベート用、通話用とデータ用など、使い分けたい通信プランを2つ契約しよう。eSIMを使う場合は、ドコモやau、ソフトバンク、楽天モバイルなど各キャリアで契約できるほか、ahamoやpovo、LINEMOなどオンライン専用プランも対応している。

3 APNなどの設定を済ませる

まずは2つの通信プランのAPNを設定する。契約プランによって開通方法は異なるので、それぞれのサポートページなどを参考にして設定しよう

SIMカードを2枚挿入したら、「設定」→「ネットワークとインターネット」で、それぞれのSIMカードの設定画面を開いて「アクセスポイント名」でAPNを設定しよう。またモバイルデータ通信と通話、SMSで、それぞれどのSIMを優先して使うかを設定することもできる。

section 6

76

162

通信量節約

余計な通信をしないために
各種設定を見直そう

ちょっとした設定で毎月の通信量が大きく変わる

使った通信量によって段階的に料金が変わる段階制プランだと、少し通信量をオーバーしただけでも次の段階の料金に跳ね上がる。また定額制プランでも段制プランでも、決められた上限を超えて通信量を使い過ぎると、通信速度が大幅に制限される。このような事態を避けるには日頃の節約意識が大事だが、自分ではあまり使っていないつもりでも、スマートフォンはデフォルト設定のままだと、自分が意図しないさまざまなタイミングでモバイル通信を行っている。そこで、不要なモバイル通信を制限する設定を行い、できるだけ通信量を節約してみよう。

特に効果が大きいのは、バックグラウンド通信の遮断だ。アプリやサービスによっては、ユーザーが操作してない間にも自動で通信を行う。設定で「データセーバー」をオンにしておけば、ほとんどのアプリやサービスでモバイルデータ通信時のバックグラウンド通信が遮断され、Wi-Fi接続時のみ通信を行うようになる。ただし、各種通知やSNSのメッセージなども受信できなくなるので、「モバイルデータの無制限利用」や「データ通信を制限しないアプリ」といった項目で、例外的にバックグラウンド通信を許可するアプリとして登録しておこう。その他、アプリ更新や同期にモバイルデータ通信を使わない設定や、アプリごとに用意されているデータ圧縮機能を有効にするといった設定も効果的だ。

通信量を節約するための設定ポイント

1 バックグラウンド通信を制限する

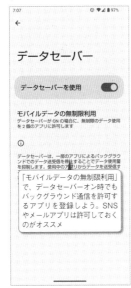

「設定」→「ネットワークとインターネット」→「データセーバー」をオンにすれば、アプリやサービスのバックグラウンド通信を停止できる。

2 アプリの自動更新はWi-Fiで行う

「Playストア」アプリのメニューから「設定」→「ネットワーク設定」→「アプリの自動更新」をタップ。「Wi-Fi接続時のみ」にチェックしておこう。

3 不要なGoogleサービスをオフ

「設定」→「パスワードとアカウント」でGoogleアカウントをタップし、「アカウントの同期」をタップ。同期が不要なサービスはスイッチをオフにしておこう。

4 LINEで写真と動画の設定を変更する

LINEの設定で「写真と動画」をタップ。「送信する写真の画質」は「標準」を選択し、「写真を自動ダウンロード」はオフに。また「動画自動再生」は「Wi-Fiのみ」に設定しておこう。

5 Xのデータセーバー機能をオン

X（旧Twitter）アプリの「設定とプライバシー」→「アクセシビリティ、表示、言語」→「データ利用の設定」→「データセーバー」を有効にすると、動画は自動再生されず画像も低画質で読み込まれる。

6 YouTube MusicはWi-Fiで使う

YouTube Musicの「設定」→「データの節約」→「Wi-Fi接続時のみストリーミング」をオンにすれば、モバイルデータ通信でストリーミング再生しなくなる。

163

通信量節約

通信量が増えがちな NG操作を覚えておこう

アプリの操作によっても通信量は増えてしまう

普段何気なく行っているアプリの操作でも、少し気を付ければ毎月のデータ通信量は大きく節約できる。通信量が増大する操作の筆頭といえば YouTube の動画視聴だが、モバイル通信時でもなるべく高画質で再生してしまうので、Wi-Fi 接続時以外は低画質で再生する設定にしておきたい。HD 画質の動画を SD 画質で再生するだけで通信量を半分くらいに抑えることが可能だ。その他、Google マップの拡大縮小操作や、Facebook の動画自動再生機能などもデータ通信量を増やす要因なので注意しよう。

1 YouTubeの HD画質での再生

> YouTube アプリで、画面右上のアカウントボタンをタップして「設定」→「データの節約」→「データ節約モード」をオンにしておけば、モバイル通信時は低画質で再生するほか、いくつかのモバイル通信節約機能がまとめて有効になる

YouTube は標準の設定だと、なるべく高画質で動画を再生するため、膨大なデータ量が消費される。モバイル通信時は低画質で動画を再生する設定にしておこう。

2 Googleマップの 拡大・縮小

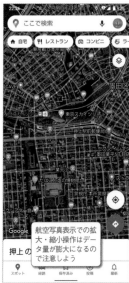

> 航空写真表示での拡大・縮小操作はデータ量が膨大になるので注意しよう

Google マップは、ナビ機能を使うより拡大・縮小でマップを読み込み直す方がデータ通信量が大きい。特に航空写真表示だと通信量も大幅にアップする。

3 Facebookの 動画自動再生

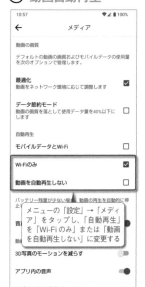

> メニューの「設定」→「メディア」をタップし、「自動再生」を「Wi-Fiのみ」または「動画を自動再生しない」に変更する

Facebook は標準設定だとフィード画面をスクロールするだけで投稿動画を自動再生してしまう。余計な通信をしないよう自動再生をオフにしよう。

164

通信量確認

通信量を通知パネルや ウィジェットで確認

いつでも素早くデータ通信量を確認できる

今月使用したデータ通信量や残データ量は、通信キャリアのサポートサイトで正確に確認できるが、いちいちアクセスして確認するのは面倒だ。「My Data Manager」をインストールしておけば、通知パネルやウィジェットで、現在のデータ通信量を素早く確認できるので、使い過ぎを防ぐことができる。

APP
My Data Manager
作者／data.ai Basics
価格／無料

1 データ上限や 締め日を設定する

> 通信キャリアのサポートサイトで、現在までの使用データ量を確認し、この欄に入力しておく

起動したら「データプランを設定またはプランに参加する。」をタップし、データ量の上限や開始日、現在までの使用量を設定しよう。また、設定で使用状況へのアクセスも許可しておく。

2 通知パネルで データ量を確認

My Data Manager がステータスバーに常駐し、通知パネルを開くだけで、すぐに現在の使用データ容量や残り日数を確認できるようになる。

3 ウィジェットで データ量を確認

またウィジェットでも、現在の使用データ容量や残り日数を確認できる。うっかり使い過ぎないように、いつでも目につくホーム画面に配置しておこう。

165

文字入力

手書きに特化した
キーボードを使ってみよう

精度の高い
手書き入力で
さっとメモできる

ブラウザやメール、メモなど、あらゆるアプリで手書き入力できるようになるアプリが「mazec3」だ。変換精度は極めて高く、適当な走り書きでもかなり正確に認識してくれるほか、ひらがな混じりの文字を漢字変換したり、くせ字を正しく変換するよう登録しておくこともできる。

APP

mazec3
作者／MetaMoJi Corp.
価格／980円

1 設定でmazec3を有効にしておく

アプリを起動し「mazec3 を使える状態にする」をタップ。キーボード設定の「mazec3 手書き変換」をオンにしておこう。

2 キーボードをmazec3に切り替え

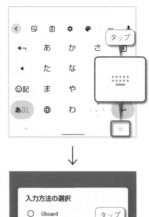

メールやメモアプリでキーボードを表示させたら、右下のキーボードボタンをタップし、「mazec3 手書き変換」を選択する。

3 手書きで日本語入力ができる

キーボードが mazec3 に切り替わるので、入力欄に手書きで文字を入力していこう。漢字や英字などを混在させても、高い精度で変換してくれる。

166

位置情報

【マスト！】
位置情報の利用を適切に設定する

位置情報を使うアプリを初めて起動すると、「位置情報へのアクセスを許可しますか？」と確認される。この画面では、基本的に「アプリの使用時のみ」を選んでおけばよい。マップで現在地を共有するなど、位置情報を常に取得する必要がある機能を使うと、「「常に許可」に設定してください」といった警告が表示されるので、指示に従って設定を変更する。位置情報へのアクセス権限は、あとからでも「設定」→「アプリ」でアプリを選び、「権限」→「位置情報」をタップすれば自由に変更できる。

位置情報へのアクセス許可は、「アプリの使用時のみ」を選んでおけばよい。常に位置情報の取得が必要な機能を使おうとすると、改めて確認画面が表示されるので、「常に許可」に変更しよう。また、このアプリに正確な位置情報へのアクセスを許可するか、おおよその位置情報のみ許可するかも選択できる

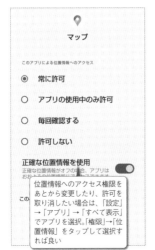

位置情報へのアクセス権限をあとから変更したり、許可を取り消したい場合は、「設定」→「アプリ」→「すべて表示」でアプリを選択。「権限」→「位置情報」をタップして選択すれば良い

167

クイック設定

【マスト！】
クイック設定ツールをカスタマイズする

画面上部から下へスワイプして表示できるクイック設定ツールには、Wi-Fi や Bluetooth、機内モードのオン／オフやライトの点灯などをワンタップで行えるタイルが並んでいる。このタイルの内容や配置は自由にカスタマイズ可能だ。まず、クイック設定ツールを表示し、タイル一覧の上か下にある鉛筆ボタンをタップ。各タイルをドラッグして配置の変更が可能だ。さらに、下のエリアからタイルを追加することもできる。Play ストアからインストールしたアプリの機能が、タイルとして用意されている場合もあるので確認しよう。

タイル一覧の上か下にある鉛筆ボタンをタップする

タイルをロングタップし、ドラッグして配置変更。下のエリアからクイック設定にタイルを追加できる。右上のオプションボタンで、レイアウトをリセット可能だ

168

クイック設定

クイック設定ツールに さまざまな機能を追加する

デフォルトでは 用意されていない 機能も追加できる

No167で解説している通り、クイック設定ツールに表示するタイルは自由に編集できるが、追加可能なタイルは最初から決まっている。もっと他の機能を追加したいなら「Quick Settings」を利用しよう。スリープの無効化や画面分割、アプリのショートカット作成など、デフォルトでは用意されていないタイルを追加できる。

APP

Quick Settings
作者／Simone Sestito
価格／無料

1 追加したいタイル のカテゴリを選択

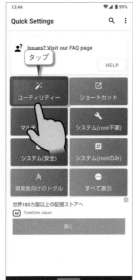

アプリを起動するとカテゴリが一覧表示される。クイック設定に追加したいタイル（機能）のカテゴリを選択してタップしよう。

2 追加したいタイル を有効化する

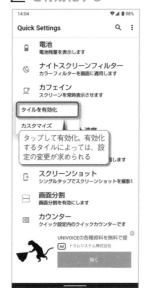

そのカテゴリで追加できるタイルが一覧表示される。追加したいタイルをタップし、表示されたメニューの「タイルを有効化」をタップする。

3 クイック設定の 編集画面で追加

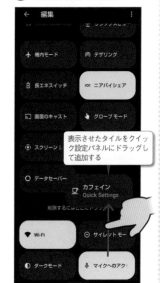

クイック設定の鉛筆ボタンをタップして編集モードにすると、タイルが一覧に追加されているはずだ。ドラッグしてクイック設定に追加しよう。

169

アプリ

同じアプリを複数同時利用 できるクローンツール

複製を作成して 同じアプリを もう一つ実行する

アプリの複製を作成して、同じ端末上で同じアプリを2つ同時に起動できるようにするアプリが、この「並行世界」だ。通常は、ひとつの端末でひとつのアカウントしか利用できないDropboxやLINEなどのアプリを複製し、別のアカウントも平行して利用できるようになる。複製できないアプリや、複製を起動後すぐに終了してしまうアプリもあるので注意しよう。

APP

並行世界
作者／LBE Tech
価格／無料

1 アプリを選択して 複製する

初回起動時は、SNSなど複製におすすめのアプリがピックアップされる。複製したいアプリのみにチェックし、「Parallel Spaceに追加」をタップ。

2 複製したアプリを 起動する

複製したアプリはこの画面から起動し、別アカウントでログインできる。アプリによっては「Parallel Space -64Bit Support」のインストールも必要。

3 その他のアプリを 追加する

複製アプリの管理画面で「アプリケーションを追加する」をタップすると、インストール済みの他のアプリも、選択して複製できる。

170
画面設定

一時的に画面の
タッチ操作を
無効にする

起動中のアプリの画面を表示したまま、タッチパネルの操作を無効化してくれるアプリ。マップや位置情報ゲームなどの画面を表示したままでも、誤操作することなく安心してポケットに入れられる。近接センサーでの自動ロックなど細かな設定も可能だ。

APP

画面そのままロック
作者／Team Obake Biz
価格／無料

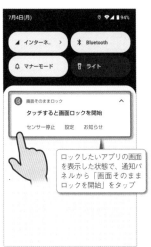

ロックしたいアプリの画面を表示した状態で、通知パネルから「画面そのままロックを開始」をタップ

表示中の画面でロックされ、画面内をタップしても操作できなくなる。解除方法は音量キーやカメラキーを押すなど、複数の手段を設定できる

171
アプリ

削除できない
プリインストールアプリ
を非表示

Playストアからインストールしたアプリは、ホーム画面などでアンインストールすることが可能だが、最初からプリインストールされているアプリの一部は、削除できないことがある。そんな削除できないアプリに限って、普段使わないことも多い。アプリ管理画面を整理するためにもアイコンの数を減らしたい場合は、「設定」→「アプリ」でアプリを選び、「無効にする」をタップしよう。アンインストールはできないが、これで機能は無効になりアプリ管理画面でも非表示になる。

「設定」→「アプリ」でアプリを選んで「無効にする」をタップ。これでアプリ管理画面から消えているはずだ。なお、この方法で無効化できないアプリもある

無効化したアプリは、「設定」→「アプリ」の「無効になっているアプリ」リストに表示される。アプリ名をタップし、続けて「有効にする」をタップすれば、再度アプリ管理画面に表示される

172
マルチタスク

画面上に小型ウィンドウで
アプリやツールを表示

アプリを起動中に別のアプリで作業できる

ホーム画面やアプリ起動中の画面上に、WebブラウザやX（旧Twitter）、テキストエディタ、YouTube、ビデオプレイヤー、カレンダー、電卓などのアプリをフローティングウィンドウで起動し、同時に利用できるアプリ。画面上に常駐するクイック起動アイコンから、いつでも利用できる。複数フローティングウィンドウの同時起動も可能だ。

APP

**Floating Apps
(multitasking)**
作者／LWi s.r.o.
価格／無料

1 クイック起動アイコンをタップ

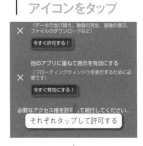

↓

クイック起動アイコンはドラッグして自由に移動できる

初回起動時に「今すぐ許可する！」と「今すぐ有効にする！」をタップし、アクセス権を許可する。すると、画面上に「クイック起動アイコン」が常駐するので、これをタップ。

2 アプリを選択して起動する

タップして起動。元の画面に戻るには、画面右上の「×」をタップ

利用できるアプリ一覧が表示される。タップしてフローティングウィンドウで起動しよう。なお、フローティングウィンドウは複数起動可能だ。

3 フローティングウィンドウが起動

マップ上にYouTubeを起動してみた。また、左上のボタンでメニューを表示し、ウィンドウの全画面化などを行える

フローティングウィンドウが起動した。ウィンドウ右下角をドラッグして、サイズの変更を行える。画面右上の「×」で終了する。

173

ランチャー

よく使うアプリをスマートに
呼び出す高機能ランチャー

アプリやトグル
スイッチをすばやく
起動できる

例えば Chrome で Web サイトを見ている時に、すぐに翻訳アプリや電卓を使いたい、またはさっき使っていたアプリに戻りたい、といった場合がある。通常は一度ホーム画面に戻ってからアプリを探して起動するか、バックグラウンドで起動中のアプリなら最近使用したアプリの履歴から起動することになるが、この操作はちょっと面倒でもある。そこでオススメしたいのが、ランチャーアプリの活用だ。

利用するアプリの数がとにかく多い人は、「Easy Drawer」がおすすめだ。アプリでキーボードを表示させて何かキーを押すと、その頭文字のアプリが一覧表示され、素早く起動できる。日本語アプリはすべて「#」キーにまとめられるのが難点だが、よく使うアプリはお気に入り登録しておける。ランチャーをより自由にカスタマイズしたいなら、「Meteor Swipe」を使おう。トリガー位置やアイコンのサイズと間隔、背景テーマなどを自分好みに編集できるほか、アイコンパックも利用できる。

APP

Easy Drawer
作者／Appthrob
価格／無料

APP

Meteor Swipe
作者／paprikanotfound
価格／無料

頭文字をタップしてアプリを探せる「LaunchBoard」

1 アプリアイコンを ドックに配置する

> アイコンをドックに配置しておくと便利。ウィジェットも用意されている

アプリをインストールしたら、アプリアイコンを下部のドックに配置しておくのがおすすめ。これをタップしてキーボードを表示させよう。

2 アプリの頭文字 を入力する

> アプリの頭文字をタップ。日本語アプリはすべて「#」キーにまとめられるので注意しよう

表示されるキーボードで、起動したいアプリの頭文字をタップしよう。その頭文字のアプリが一覧表示され、素早く起動できる。

3 よく使うアプリは お気に入りに登録

> Gmail added to Favorites

検索結果のアプリをロングタップし、「Favorite」をオンにしてお気に入りに登録しておくと、キーボード上部に最初から表示されるようになる。

画面端のバーから引き出す「Meteor Swipe」

1 Meteor Swipeを 有効にする

> タップして機能を有効にする

> タップしてパネルを編集

「パネル」タブのスイッチをオンにし、ユーザー補助を許可すると機能が有効になる。続けて、左側のパネルに表示されている鉛筆ボタンをタップ。

2 パネルに登録する アプリや機能を選択

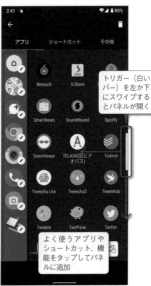

> トリガー（白いバー）を左か下にスワイプするとパネルが開く

> よく使うアプリやショートカット、機能をタップしてパネルに追加

よく使うアプリなどを選択して、パネルに追加していこう。右端の白いバーを左か下にスワイプすると、パネルが引き出されすぐに起動できる。

3 パネルは自由に カスタマイズできる

> 無料版で登録できる機能やアプリは8個までだが、パネルの編集画面で「その他」→「フォルダ」を選択すると、ひとつのフォルダにまとめて9個まで登録できる

「設定」タブで、パネルを2列にしたりアイコンサイズを変更できるほか、トリガーの位置を変えたり、テーマを変更することもできる。

174

ジェスチャー

画面の端から多彩な操作を実行できるジェスチャーアプリ

タップやスワイプでさまざまな機能やアプリを実行

画面のエッジ（端）をタップしたりスワイプするといったジェスチャーに、アプリの起動や、ステータスバーを開く、ホームに戻るといった機能を割り当てできるアプリ。左右と下部のエッジにそれぞれジェスチャーを設定でき、エッジの長さや幅なども細かく調整することが可能だ。

エッジジェスチャー
作者／ChYK the dev.
価格／199円

1 ユーザー補助の権限を許可する

初回起動時は画面の指示に従って、設定で「エッジジェスチャー」のスイッチをいくつかオンにし許可しておこう。

2 ジェスチャーをタップする

左エッジ、右エッジ、下エッジそれぞれで、各種ジェスチャーの割り当てが可能だ。機能を変更したいジェスチャーをタップしよう。

3 ジェスチャーで実行する機能を選択

このジェスチャーに、アプリを起動したりステータスバーを開くといった機能を割り当てよう。「開始までスクロールする」を登録すれば、下に長いWebページで一気に上まで戻る際などに便利だ

175

ファイル共有

パソコンからワイヤレスでスマホにアクセス

パソコンと手軽にファイルをやり取りできる

スマートフォン内のファイル管理アプリとしては標準の「Files」（No020で解説）があるが、パソコンとファイルをやり取りすることが多いなら「ファイルマネージャー」も入れておこう。Filesと同様に端末内のファイルを管理できるだけでなく、パソコンからスマホのフォルダにアクセスしたり、スマホからパソコンの共有フォルダにアクセスできる。

ファイルマネージャー
作者／File Manager Plus
価格／無料

1 ネットワーク画面でFTPアドレスを確認

ファイルマネージャーを起動したら「ネットワーク」を開き、「開始する」をタップ。表示されたFTPアドレスとユーザー名、パスワードを確認する。

2 パソコンからスマホのフォルダにアクセス

ファイルマネージャーに表示されたftp://～以下のアドレスを入力してログイン

端末のフォルダやファイルが表示され、パソコンから転送したり取り出せる

パソコン側でエクスプローラーのアドレス欄にFTPアドレスを入力し、ユーザー名とパスワードを入力して「ログオン」をクリックすると、スマホ内のフォルダやファイルが一覧表示される。

3 スマホからパソコンにアクセスするには

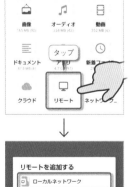

タップしてパソコン名を選択しログインする

「リモート」→「＋リモートロケーションを追加する」→「ローカルネットワーク」をタップし、パソコン名を選択。パソコンのユーザー名とパスワードでログインすると、共有フォルダにアクセスできる。

176

セキュリティ

大事なファイルは
ロックされたフォルダに
保存する

標準のファイル管理アプリ「Files」（No020で解説）には、PINやパターンで保護できる「安全なフォルダ」機能が搭載されている。安全なフォルダ内のファイルは他のアプリから見ることができず、ファイルを開くにはFilesで「安全なフォルダ」にアクセス

し、設定したPINやパターンでロックを解除する必要がある。また安全なフォルダ内はスクリーンショットなども撮影できない。個人情報などが記載されたファイルやプライベートな写真など、見られたくないデータは安全なフォルダに移動させておこう。

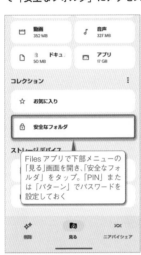

Filesアプリで下部メニューの「見る」画面を開き、「安全なフォルダ」をタップ。「PIN」または「パターン」でパスワードを設定しておく

Filesアプリで安全なフォルダに移動したいファイルを選択し、右上のオプションメニューから「安全なフォルダに移動」をタップ。設定したPINまたはパターンを入力すると移動できる

177

画面設定

画面を目にやさしい
表示にする

機種によっては、眼に負担がかかると言われているブルーライトをカットし、画面を黄色みがかった暖色系の表示にする機能が標準で用意されている。「設定」→「画面」や「ディスプレイ」に項目が用意されているので、一度チェックしてみよう。ブルーライトカッ

ト機能を自動で有効にする時間帯を指定したり、画面の色味を調整することもできる。また、通知パネルからワンタップでオン／オフできる場合もある。液晶のギラギラした光が苦手な人や、就寝前にSNSや電子書籍を利用するユーザーは、試してみよう。

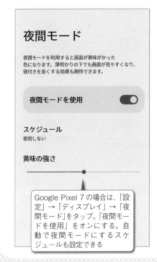

Google Pixel 7の場合は、「設定」→「ディスプレイ」→「夜間モード」をタップ。「夜間モードを使用」をオンにする。自動で夜間モードにするスケジュールも設定できる

AQUOS sense6の場合は、「設定」→「ディスプレイ」→「リラックスビュー」をタップ。有効にする時間帯や色温度を設定できる

178

セキュリティ

自宅や特定の場所では
ロックを無効にする

Smart Lock機能で
信頼できる場所
を登録しておく

Androidスマートフォンには特定の条件下で自動的に画面ロックを解除してくれる、「Smart Lock」という便利な機能が搭載されている。例えば、自宅や職場を信頼できる場所として指定しておけば、その場所にいる間は画面がロックされず、スワイプだけでホーム画面を開くことが可能になる。利用には画面ロックの設定が必要なので、あらかじめ「設定」→「セキュリティ」から、パターン／ロックNo.／パスワードなどで設定しておこう。また位置情報もオンにしておくこと。

1 「信頼できる場所」をタップ

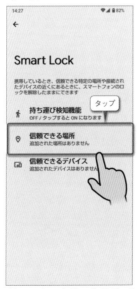

パターン／ロックNo.／パスワードなどで画面ロックを設定しておき、設定の「セキュリティ」→「セキュリティの詳細設定」→「Smart Lock」→「信頼できる場所」をタップ。

2 「信頼できる場所の追加」をタップ

Googleアカウントに自宅住所を登録していれば、「自宅」をタップして登録できる。その他の場所は「信頼できる場所の追加」をタップして登録する。

3 場所を指定して「この場所を選択」

マップ上から現在地や特定の場所を選択し、「この場所を選択」をタップして登録しよう。以降、この場所に端末がある間は画面ロックが自動的に解除される。

179

自動化

シーンに合わせてよく行う
操作を自動化する

設定した条件を満たすと指定した操作を実行する

条件やアクションを設定しておくことで、スマートフォンで行う複雑な操作を自動的に実行できるようにする、定番の自動化アプリが「Tasker」だ。例えば、自宅や職場に到着したらWi-Fiを自動的にオンにしたり、イヤフォンを接続したら自動で音楽を再生したり、本体を振ったらLEDを点灯するなど、さまざまな操作を自動化することが可能だ。自動実行の条件となる「プロファイル」や、プロファイルの条件を満たした時に実行される「タスク」は、それぞれ膨大な設定項目が用意されており、最初は何をどう組み合わせればよいのか分からない上級者向けのアプリだが、現在のバージョンには「Tasky」という初心者向けのモードも用意されている。あらかじめ用意されている自動実行の機能から必要なものを選び、表示される項目で条件やアクションの内容を選択していくだけで手軽にプロファイルを作成できるので、まずはこのモードから操作に慣れよう。「Tasker」モードに切り替えれば、従来通り一から条件やアクションを選択して自動実行を作成できるので、使いこなせばかなり自由にスマートフォンをカスタマイズできる。有志による日本語Wikiなども用意されているので、色々試してみよう。

APP

Tasker
作者／joaomgcd
価格／380円

「Tasky」で既存のタスクから選んで追加する

1 欲しい機能を探して追加する

「Tasky」と「Tasker」の画面は右上のオプションメニューから切り替えできる

キーワード検索で欲しい機能を備えたタスクを探し、ダウンロードボタンをタップ。なおタスク名をタップすると、そのタスクについての解説が表示される

「Tasky」は、あらかじめ用意されたタスクから選んで追加できるモードだ。ここでは、Bluetoothイヤホンの接続時に音楽を自動再生するタスクを探し、ダウンロードボタンをタップする。

2 タスクに必要な設定を済ませる

接続するBluetoothイヤホンや、起動する音楽プレーヤーアプリの選択画面が表示される。また必要な権限の許可も求められる

タスクの内容を確認して「はい」をタップ。続けてタスクを実行するための設定が表示されるので、画面の指示に従って条件やアクションを選択していこう。

3 条件を満たすと自動で実行される

設定が済んだら、追加したタスクが自動実行されるか試してみよう。指定したBluetoothイヤホンを接続すると、自動的に選択した音楽プレイヤーアプリ（ここではYouTube Music）が起動し、曲の再生が開始された

「Tasker」で最初からタスクを作成する

1 「タスク」画面でタスクを作成する

「タスク」画面で右下の「+」をタップし、タスクに名前を付ける

「+」→「アプリ」→「アプリ起動」で音楽アプリ（ここではYouTube Music）を選択

Bluetoothイヤホンの接続時に音楽を自動再生するタスクを一から作成するには、まず「タスク」タブで右下の「+」をタップして名前を付け、「+」→「アプリ」→「アプリ起動」で音楽アプリを選択する。

2 必要なタスクを追加していく

2つめのタスクは「+」→「タスク」→「待機」でアプリが起動するまでの待機時間を3秒に設定。3つめのタスクは「+」→「メディア」→「メディア操作」を追加し、「コマンド」を「再生（擬似的にのみ）」に変更。また「パッケージ／アプリ名」でYouTube Musicを選択する

元の画面に戻り、再度右下の「+」をタップ。アプリが起動するまでの待機時間や、メディア操作で音楽の再生を実行する設定を追加していこう。

3 プロファイルを作成してタスクと連携

「プロファイル」タブで「+」→「状態」→「ネット通信」→「接続中のBluetooth」を選択。続けて「名前」欄の虫眼鏡ボタンをタップし、接続中のBluetoothイヤホンを選択する

元の画面に戻って作成済みのタスクを選択すればプロファイルの作成は完了

タスクを作成したら「プロファイル」タブに切り替え、タスクの実行条件を「指定したBluetoothイヤホンを接続した時」になるよう設定し、作成済みのタスクを選択すればよい。

設定とカスタマイズ

85

180
カスタマイズ

本体の音量ボタンに新たな機能を追加する

物理キーの2回押しや長押しに機能を割り当て

「Button Mapper」を使えば、音量ボタンなどの物理キーに各種機能を割り当てることができる。例えば音量アップキーの2回押しで上にスクロールさせたり、音量ダウンキーの長押しにライトオン/オフを割り当てることが可能だ。電源ボタンや、画面上のナビゲーションバーなどには機能を割り当てできない。

APP

Button Mapper
作者/flar2
価格/無料

1 ユーザー補助を許可する

アプリを起動してチュートリアルを進めると、ユーザー補助の許可を求められるので、スイッチをオンにして許可しておこう。

2 機能を割り当てたいボタンを選択

「音量アップ」など、機能を割り当てるボタンを選択しよう。Pro版を購入すると、ポケット検知や音量ボタンの配置変更機能なども有効にできる。

3 ボタンに割り当てる機能を選択

「カスタマイズ」をオンにすると、「2回押し」や「長押し」などの操作に機能を割り当てできるようになる。

181
片手操作

片手でも使いやすくする機能を利用する

手が小さくても指が届くようにする便利機能

スマートフォンの大画面化によって、片手操作時に画面の上部に指が届かず使いづらいことも多い。そんなときは、「設定」→「システム」→「ジェスチャー」で、「片手モード」をオンにしておこう。画面下部のナビゲーションバー部分を下にスワイプすることで、画面上部が下に引き下げられ、片手でも通知パネルを引き出しやすくなる。また、キーボードによっては、片手での文字入力を行いやすいよう、レイアウトを左右に寄せる機能を搭載している。手が小さいユーザーは、ぜひ試してみよう。

1 片手モードをオンにする

「設定」→「システム」→「ジェスチャー」の「片手モード」で、「片手モードの使用」をオンにし、「片手操作用に画面を縮小する」を選択しておこう。

2 片手モードの画面にする

画面下部のナビゲーションバー部を下にスワイプすると、画面上部が下のほうに引き下げられ、片手でも指が届きやすくなる。

3 キーボードの片手モード

Gboardの場合は、キーボード上部のメニューボタン（4つの四角）をタップ。続けて「片手モード」をタップする。

182

通信使用状況

指定した通信量に到達したら通知で知らせる

従来の段階制プランだと、少し通信量をオーバーしただけで次の段階の料金に跳ね上がる。またahamoなどのオンライン専用プランでも、20GBの上限を超えて通信量を使い過ぎると、通信速度が大幅に制限される。このような事態を避けるために、指定した通信量に達したら警告が表示されるよう設定しておこう。また、指定した上限に達したらモバイルデータ通信を停止することもできる。いつもネットで動画を観ているようなユーザーは、1日に使う通信量を決めておき、警告が表示されたら通信を控えるようにしよう。

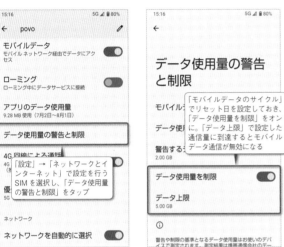

「設定」→「ネットワークとインターネット」で設定を行うSIMを選択し、「データ使用量の警告と制限」をタップ

「モバイルデータのサイクル」でリセット日を設定しておき、「データ使用量を制限」をオンに。「データ上限」で設定した通信量に到達するとモバイルデータ通信が無効になる

183

通知

通知のスヌーズやサイレントを設定する

通知を今すぐ確認する時間がない場合などは、一定時間経過後に再度通知させる「通知のスヌーズ」機能を利用しよう。「設定」→「通知」→「通知のスヌーズを許可」をオンにしておけば、通知パネルの通知にスヌーズボタンが表示され、再度通知するまでのスヌーズ時間を設定できる。また、通知をロングタップすると、このアプリからの通知を「サイレント」に設定したり、「通知をOFFにする」でオフにできる。「サイレント」は、着信音が鳴らずバイブも動作しないが、表示だけはされるモードだ。

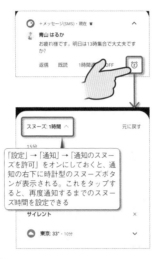

「設定」→「通知」→「通知のスヌーズを許可」をオンにしておくと、通知の右下に時計型のスヌーズボタンが表示される。これをタップすると、再度通知するまでのスヌーズ時間を設定できる

通知をロングタップして「サイレント」を選択すると、着信音もバイブも鳴らさず表示だけされるようになる。「通知をOFFにする」で通知をオフにすることもできる

184

緊急情報

いざというときに備えて緊急情報と緊急通報を登録しておく

緊急情報はロック解除不要で確認できる

外出時に事故にあったり体調不良になった際に、すぐに助けを求められるように、あらかじめ緊急情報と緊急通報を設定しておこう。「設定」→「緊急情報と緊急通報」の「医療に関する情報」に登録した自分の医療情報と、「緊急連絡先」に登録した家族や友人などの連絡先は、スマートフォンの電源キーを長押しして表示される「緊急通報」→「緊急情報を表示」をタップすることで、ロックを解除しなくても第三者が見ることができる。また「緊急SOS」をオンにすると、電源ボタンを素早く5回以上押すことで緊急通報できるようになる。

1 医療に関する情報を登録する

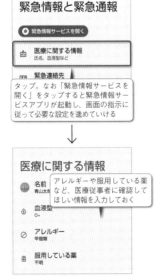

タップ。なお「緊急情報サービスを開く」をタップすると緊急情報サービスアプリが起動し、画面の指示に従って必要な設定を進めていける

アレルギーや服用している薬など、医療従事者に確認してほしい情報を入力しておく

「設定」→「緊急情報と緊急通報」を開き、「医療に関する情報」をタップ。氏名や血液型のほか、アレルギーや服用している薬など、自分の健康状態に関する情報を入力しておく。

2 緊急連絡先を登録する

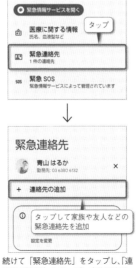

タップ

タップして家族や友人などの緊急連絡先を追加

続けて「緊急連絡先」をタップし、「連絡先の追加」をタップ。家族や友人、かかりつけ医など、緊急時に連絡してほしい相手を登録しておこう。

3 緊急SOSをオンにする

「緊急SOS」→「緊急SOSをONにする」をタップしてオンにすると、電源ボタンを素早く5回以上押して110番などの緊急サービスに自動発信できるようになる。また、緊急SOSの実行時に緊急連絡先に自動でメッセージなどを送信したり、動画の撮影を自動で開始する設定も可能だ

設定とカスタマイズ

185

マスト!

利用制限

各アプリの利用時間を制限する

スマートフォンを使っていると、つい YouTube や X（旧 Twitter）を見てダラダラとした時間を過ごしがちな人も多いだろう。1日のうちに何時間スマートフォンを使い、そのうち何のアプリをどれくらい使っているかは、「設定」→「Digital Wellbeing と保護者による使用制限」で確認できる。使いすぎのアプリがあるなら、円グラフをタップしてダッシュボードを開き、アプリにタイマーをセットして利用時間を制限しておこう。ファミリーリンクで設定した子供のスマートフォンに利用制限をかけることも可能だ。

「設定」→「Digital Wellbeing と保護者による使用制限」をタップすると、スマートフォンの1日の利用時間や、使用したアプリの割合などをグラフで確認できる。円グラフをタップするとダッシュボードが開き、より詳細な情報をチェックできる

ダッシュボードでは利用時間の長い順にアプリが一覧表示される。使いすぎのアプリがあれば右端の砂時計ボタンをタップし、「アプリタイマー」で1日の使用時間を制限しておこう。設定した時間の上限に達すると、午前0時までそのアプリを使えなくなる

186

セキュリティ

万が一の際、SIMカードが悪用されないようロック

スマートフォンの紛失時に怖いのは、端末内のデータ流出だけではない。SIM カードを抜き取られて他の端末で使われ、高額請求を受けるといった被害もあるのだ。そこで、「SIM PIN」を設定して、SIM カード自体にロックをかけておこう。SIM カードを別の端末に挿入しても、PIN コードを入力しないと通話や通信が利用できなくなる。ただし、SIM PIN の入力を3回連続して間違えるとロックされてしまい、PIN ロック解除コード（PUK コード）の入力や SIM カード交換が必要になるので、操作には十分注意しよう。

「設定」→「セキュリティ」→「セキュリティの詳細設定」→「SIM カードロック」を開き、「SIM カードをロック」をオンにする。eSIM の場合でもロックが可能だ。SIM ロックを有効にすると、端末の電源を入れるたびに PIN コードの入力が必要となり、第三者による不正利用を防げる

キャリアの初期 PIN（ドコモと楽天モバイルは「0000」、au は「1234」、ソフトバンクは「9999」）を入力する。SIM PIN がオンになったら、続けて「SIM PIN の変更」をタップし、4〜8桁の好きなコードを入力しよう

187

セキュリティ

重要なアプリを勝手に使われないようロックする

メールや SNS など、他人に触られたくないアプリは「アプリロック」でロックしておこう。使い方はマスターパスワードを設定し、ロックしたいアプリの錠前ボタンをタップするだけと簡単。アプリだけでなく各種機能などもロックできる。

APP
アプリロック AppLock
作者／DoMobile Lab
価格／無料

アプリを起動したら、まずはロックしたアプリを起動するためのパターンを設定しよう。アプリ起動後に「保護」タブでパターン入力をパスワード入力に変更できるほか、「指紋認証」をオンにすれば指紋認証でもロックを解除できる

起動をロックしたいアプリの錠前ボタンをオンにすると、そのアプリの起動時にパスワード入力が求められるようになる。初回設定時は、画面の指示に従い、本体設定の使用履歴へのアクセスを許可すること

188

アプリ

標準アプリを工場出荷時の状態に戻す

スマートフォンに標準でインストールされているアプリの一部は、削除できない代わりに、工場出荷時のバージョンにリセットできるようになっている。「設定」→「アプリ」で「すべて表示」をタップして標準インストールアプリを選択し、右上のオプションメニュー（3つのドット）ボタンから「アップデートのアンインストール」を実行すればよい。標準アプリの調子が悪くなった場合は、この方法で初期化してみよう。ただし、右上にオプションメニューがない標準アプリはリセットできない。

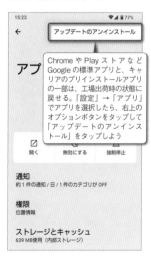

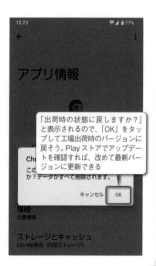

Chrome や Play ストアなど Google の標準アプリと、キャリアのプリインストールアプリの一部は、工場出荷時の状態に戻せる。「設定」→「アプリ」でアプリを選択したら、右上のオプションボタンをタップして「アップデートのアンインストール」をタップしよう

「出荷時の状態に戻しますか？」と表示されるので、「OK」をタップして工場出荷時のバージョンに戻そう。Play ストアでアップデートを確認すれば、改めて最新バージョンに更新できる

生活
お役立ち技

日常のあらゆるシーンで活躍するスマートフォン。
絶対使いたいGoogleマップの便利機能から
ベストな乗換案内アプリや天気予報アプリ、
あると助かる生活ツールまで一挙に掲載。

S E C T I O N

189

マップ

使いこなすとかなり便利な
マップの経路検索

2つの地点の
最短ルートと
所要時間がわかる

Google の「マップ」アプリは、サイトなどに記載された住所を地図で確認したり、出かけた先の周辺地図を調べる際に大活躍するが、搭載されたさまざまな機能を使いこなせば、より一層手放せないアプリになるはずだ。特に「経路検索」機能は強力だ。指定した2つの地点を結ぶ最適なルートと距離、所要時間を自動車、公共交通機関、徒歩のそれぞれの移動手段別に割り出してくれる。例えば、旅行先での駅から名所までの徒歩でかかる時間や、自宅からの最適なドライブコースなど、これまで正確に調べることが難しかった情報を地図上にわかりやすく表示してくれる。また、乗換案内ツールとしても優秀で、最寄り駅がわからなくても、出発地と目的地を指定すれば、駅までの徒歩ルートと電車の乗り換えを合わせたベストなルートを表示してくれる。さらに、一部の対応エリアでは、タクシーの配車サービスと連携し、所要時間や配車までの時間、おおまかな料金を確認できる。

マップは、Google アカウントでログインすることで、より快適に利用できる。経路検索においても、検索履歴やロケーション履歴（No196 で解説）から、素早く目的地を指定することが可能だ。通常は、Play ストアや Gmail で使っている Google アカウントで自動的にログインした状態になっているので、特別な操作は必要ない。

ルートや所要時間を確認するための基本操作

1 経路検索モードに切り替える

画面右下にある経路ボタンをタップするか、検索結果の情報エリアの「経路」をタップ。これで、2地点間のルートを調べる経路検索モードに切り替わる。

2 出発地と目的地 移動手段を設定する

移動手段を自動車、公共交通機関、徒歩などから選択し、出発地および目的地を入力する。出発地は、あらかじめ「現在地」が入力されているが、もちろん他の地名や住所、施設名に変更可能だ。

3 ルートと距離 所要時間が表示

今回は自動車を選んで検索を実行。最適なルートがカラーのラインで、別の候補がグレーのラインで表示される。画面下部に所要時間と距離が示される。また、上部のタブには各移動手段による所要時間も表示。タップしてそれぞれの経路に切り替えられる。

乗換案内やさまざまなオプション操作

1 乗換案内として利用する

移動手段に公共交通機関を選べば、（検索内容によるが）複数の経路がリスト表示される。ひとつ選んでタップすれば、地図上のルートと詳細な乗換案内を表示。

2 詳細でわかりやすい乗換案内画面

乗換案内では、出発地から目的地までの徒歩やバスも含めたそれぞれの所要時間はもちろん、乗車する電車の行き先、途中の停車駅なども確認できる。

3 経路検索で経由地を追加する

自動車か自転車、徒歩の経路検索で出発地と目的地を入力した後、右上のオプションボタンをタップ。続けて「経由地を追加」をタップし、スポットや住所を入力しよう。

190

マップ

マップにコンビニやホテルなどのスポットをまとめて表示

周辺にあるお店や特定ジャンルの施設をキーワードで検索

今いる場所の周辺でコンビニや居酒屋、ホテルなどの特定施設を探したい時も、「マップ」アプリが力を発揮する。例えば、「ホテル」で検索すれば、地図上にホテルの位置と宿泊料金が表示される。指定した場所で調べたいなら、「京都駅　ホテル」のように「場所　スポット名」で検索すればよい。各スポットの住所や営業時間、電話番号などの情報はもちろん、飲食店などは料理の写真や口コミが投稿されていることも。また、現在地付近の主だったスポットをまとめてチェックできる機能もある。

1 スポット名を入力して検索開始

「コンビニ」や「ホテル」などで検索すると、該当スポットがマップ上のピンやリストで表示される。宿泊施設の場合は、1泊の料金もマップ上で素早く確認できる。

2 スポットの詳細な情報を確認する

スポットをひとつ選んでタップすると、住所や営業時間、電話番号、料金などの詳細情報を確認できる。飲食店や宿泊施設の場合は、写真や口コミが投稿されている場合もある。

3 周辺のスポットをチェックする

下部メニューの「スポット」→「○○の最新情報」をタップすると、表示エリア周辺のレストランや観光スポットをチェックできる。

191

マップ

今いる場所や目的地をメールで正確に知らせよう

待ち合わせで使えるマップのテクニック

今いる場所や目的地、待ち合わせ場所を正確に伝えたい場合、相手がスマートフォンやタブレット、パソコンユーザーでGoogle マップを使えるのなら、「マップ」アプリで正確な位置情報を送信することが可能だ。相手に伝えたい検索したスポットや現在地、または任意の地点をロングタップし、情報画面の「共有」をタップする。メールやSNSなど、共有方法を選んで送信しよう。また、LINEで位置情報を簡単に伝える方法も紹介するので、合わせて覚えておこう。

1 知らせたい位置にピンをドロップする

知らせたい場所をロングタップして赤いピンをドロップ。続けて画面下部の「共有」をタップしよう。

2 共有メニューから手段を選んで送信

メニューで、Gmail やメッセージなどの共有手段を選択して送信。位置情報のリンクが送信され、相手がタップするとマップで正確な位置を確認できる。

3 LINEで位置情報を送信する

LINEで位置情報を伝える場合、メッセージ入力欄左の「＋」をタップし、続けて「位置情報」をタップしよう。これで簡単に位置情報を送信できる。

192
マップ

マップで調べたスポットをブックマークしておく

後でもう一度確認できるように保存しておく

「マップ」アプリで検索したスポットは、お気に入りとして保存可能だ。旅行先で訪れたい場所やチェックしたショップ、仕事で巡回する訪問先などを保存しておけば、いつでも素早くマップで確認できる。保存するには、スポットの詳細情報画面で「保存」ボタンをタップし、リストを選ぶだけ。ボタンが「保存済み」に変われば、マップ上にハートやスターとして表示される。また、同じ Google アカウントでログインすれば、他のデバイスで開いた Google マップ上でも保存スポットが反映される。

1 検索したスポットを保存する

タップして保存したいリストを選択。「＋新しいリスト」で新規リストも作成できる

住所やスポットで検索、もしくはマップ上をロングタップしてピンを立て、画面下に表示される地点名をタップする。詳細情報画面で「保存」をタップしよう。

2 保存したスポットを呼び出す

タップして新規リストも作成できる

下部メニューの「保存済み」をタップすると、保存済みのリストが一覧表示される。保存先リストからそれぞれのスポットを呼び出せる。

3 保存したスポットはフラグなどで表示

保存したスポットは、マップ上にフラグやスターで表示される。「保存済み」でリスト名右のオプションボタンをタップし「地図に表示しない」も選べる。

193
マップ

マップに自宅や職場の場所を登録しておく

日本国内はもちろん世界中の地図を確認できるマップアプリだが、日常的には自宅や職場周辺を調べたり、同じく自宅や職場を出発地や目的地とした経路検索を行うことが多いはず。そこで、自宅や職場の住所をあらかじめ登録しておけば使い勝手が大きく向上する。

下部メニューの「保存済み」をタップし、続けて「ラベル付き」をタップ。「自宅」および「職場」をタップして設定しよう。これで、地図上にアイコン表示され、経路検索時にはワンタップで自宅や職場を出発地／目的地に設定可能だ。

「保存済み」画面の「ラベル付き」タブで、「自宅」および「職場」をタップして住所を入力する。入力後表示される3つのドットのボタンをタップすると、入力した住所の編集や削除を行える

経路検索の入力画面に「自宅」「職場」の項目が表示され、タップするだけで出発地もしくは目的地に登録できる

194
マップ

マップを片手操作で拡大縮小する

マップは、二本指でピンチイン・ピンチアウトすることでなめらかに拡大縮小操作を行うことができる。しかし、この操作は両手を使わないと難しい。ダブルタップで段階的に拡大することは可能だが、細かな調整ができない上に縮小も行えないのであまり役に立たない。そこで片手でもスムーズにマップを拡大縮小する方法を紹介しよう。スマートフォンを片手で持ち、その持ち手の親指で画面をダブルタップ。そのまま指を離さず上下にスライドさせてみよう。上へ動かすと表示エリアが徐々に縮小、下へ動かすと徐々に拡大されるはずだ。細かい調整も問題ない。これで、片手でも自在にマップを操作できるようになる。画面の回転や角度の変更はできないが、外出先で片手がふさがっている場合には十分有効な手段だ。

親指でダブルタップ

そのまま親指を離さず上へスライドで縮小、下へスライドで拡大できる

195

マップ

マスト！

電車やバスの発車時刻や
停車駅、ルートを確認する

分かりづらい
バスのルートも
マップで確認

Googleマップでは、特定の駅やバス停をタップすると、今後の出発時刻や出発までの時間が一覧表示される。乗りたい方面へのバスがあと何分で出発するか、同じ方向への電車はどちらの路線の方が出発が早いかなどがすぐに分って便利だ。また、便をひとつタップして選択すると、すべての停車駅やバス停が表示され、ルートをマップ上で確認できる。特にバスの場合はルートが分かりづらいことが多いが、この機能を使えばルートがマップ上でカラー表示されるので、行きたい場所の近くを通るかも分かりやすい。

1 特定の駅の出発
情報を確認する

マップ上の駅名をタップすると、今後の出発時刻や出発までの時間が一覧表示される。複数の路線を見比べたいときなどに活用しよう。

2 バス停も出発
情報を確認できる

バス停をタップした場合も、同様に今後の出発時刻や出発までの時間が一覧表示される。乗りたい時間の便をタップしてみよう。

3 ルートをマップ
上で確認できる

便をひとつ選んでタップすると、その電車やバスのすべての停車駅やバス停と、どこまで向かうかのルートをマップ上で確認できる。特にバスの場合はルートが分かりづらいことが多いので、この機能でどこを通るかを把握しよう

196

マップ

日々の行動履歴を
記録しマップで
確認する

Googleマップには「タイムライン」という機能があり、移動した経路や訪れた場所を常時記録し、マップ上で確認することができる。特に操作を意識しなくても利用できる、便利なライフログ機能だ。タイムライン機能を利用するには、あらかじめマップアプリの「設定」からロケーション履歴をオンにしておこう。これで、常に位置情報がGoogleマップに記録されるようになるのだ。なお、タイムラインは本人以外に公開されない。また、訪れた場所は下部メニューの「保存済み」→「訪れた場所」でも確認できる。

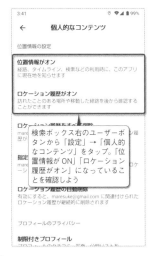

検索ボックス右のユーザーボタンから「設定」→「個人的なコンテンツ」をタップ。「位置情報がON」「ロケーション履歴がオン」になっていることを確認しよう

ユーザーボタンから「タイムライン」を表示。訪れた場所と経路に加え、移動した距離や時間が表示される。「今日」をタップすると日付を選択可能だ

197

マップ

他のユーザーと
リアルタイムに
現在地を共有

Googleマップユーザー同士なら、リアルタイムに位置情報を共有することができる。ユーザーボタンから「現在地の共有」をタップし、自分の位置情報を知らせたいユーザーをリストから選択するか、メッセージなどでリンクを送信すると、すぐに相手のGoogleマップ上に、自分の現在地が表示されるようになる。共有する期間を15分〜1日間で指定することもできる。相手がiPhoneでもOKだ。なお、Googleマップの位置情報は「常に許可」にする必要があるので、警告が表示されたら設定を変更しておこう。

ユーザーボタンのメニューから「現在地の共有」をタップして共有したいユーザーを指定する。共有期間も設定できる

現在地を共有した相手がGoogleマップの通知から「○○さんと現在地を共有」をタップすると、相手の現在地もマップ上で表示され、双方向でリアルタイムに確認できるようになる

生活お役立ち技

198
マップ

普段使う経路を固定してワンタップで検索する

Googleマップには、頻繁に利用するルートをワンタップで検索できる、便利な機能が用意されている。まずは通勤などで使ういつものルートを検索し、検索結果の下部にある「固定」ボタンをタップしよう。固定したルートは、下部メニューの「経路」画面に一覧表示されるようになり、これをタップするだけで素早くルート検索できる。「固定済み」ボタンをタップすると固定が解除され、経路画面に表示されなくなる。なお、ルートを固定できるのは、車か公共交通機関の検索結果に限られる。

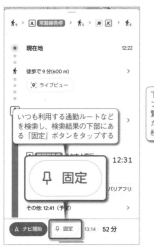

いつも利用する通勤ルートなどを検索し、検索結果の下部にある「固定」ボタンをタップする

下部メニューの「経路」をタップすると、固定したルートが一覧表示され、これをタップするだけで素早くいつものルートを検索できる

199
マップ

指定した地点間の距離を測定する

Googleマップでは、マップ上の指定した地点間の直線距離を測定することができる。まず、マップ上をロングタップしピンを立て、画面下部に表示される地点名をタップ。詳細情報画面をスクロールし、下の方にある「距離を測定」をタップ。マップをスワイプすると、最初に指定した地点と画面中央部分までの距離が下部に表示される。画面右下の「+」をタップすると地点を追加できるので、建物や公園などの外周を測定することも可能だ。この機能は航空写真上でも利用できる。

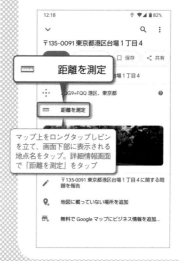

マップ上をロングタップしピンを立て、画面下部に表示される地点名をタップ。詳細情報画面で「距離を測定」をタップ

スワイプして表示エリアを移動させて、ピンから画面中央の地点までの距離を測定する

200
マップ

通信量節約にもなるオフラインマップを活用する

Googleマップは、オフラインでも地図を表示できる「オフラインマップ」機能を備えている。あらかじめ指定した範囲の地図データを、端末内にダウンロード保存しておくことで、圏外や機内モードの状態でもGoogleマップを利用することが可能だ。オンライン時と同じように地図を表示でき、スポット検索やルート検索(自動車のみ)、さらにナビ機能なども利用できる。特に電波の届きにくい山の中や離島に行くことがあれば、その範囲をダウンロードしておくと便利だ。海外の多くの地域でも使える。

ユーザーボタンのメニューから「オフラインマップ」をタップし、続けて「自分の地図を選択」をタップ

ダウンロードしたいエリアを枠内に入れて「ダウンロード」をタップしよう。ダウンロードするにはWi-Fi接続が必要。またファイルサイズも大きいので、空き容量に注意しよう

201
マップ

Googleマップのシークレットモードを使う

Chromeのシークレットモード(No073で解説)と同様に、Googleマップにもシークレットモードが用意されている。機能をオンにすると、検索キーワードや閲覧したスポットの履歴が残らないほか、移動したロケーション履歴も保存されない。現在地の共有や、通勤情報、マイプレイス、オフラインマップなどの機能も使えなくなる。なお、シークレットモード中は、保存した場所のスターやフラグなどのアイコンも表示されないので、余計な表示を取り除きスッキリした画面で地図を確認したいときにも便利だ。

ユーザーボタンのメニューから「シークレットモードをオンにする」をタップすると、Googleマップが再起動してシークレットモードになる

シークレットモード中のGoogleマップでは、検索やロケーション履歴が保存されない。プライベートな履歴を残したくない時に活用しよう。ユーザーボタンのメニューから「シークレットモードをオフにする」をタップすると、機能がオフになる

202

マップ

地下のマップが
わかりやすい
Yahoo! MAP

標準のGoogleマップが便利すぎて、他のマップアプリを入れる必要性はほとんど感じないが、地下に関しては「Yahoo! MAP」の方が優秀だ。地下街のあるエリアを拡大すると、出口や階段、店舗名やトイレの位置まで非常に分かりやすく表示される。

APP

Yahoo! MAP
作者／Yahoo Japan Corp.
価格／無料

地下街のあるエリアを拡大すると、左端に地下の階層が表示されるので、表示したい階をタップして選択しよう

このように、地下の出口、階段、店、トイレの位置まで詳細に表示される。迷いやすい地下もこのアプリがあれば安心だ

203

防災

さまざまな災害情報を
プッシュ通知する

事前に設定した地域（最大3件）と現在地の地震や津波、豪雨、気象警報など、さまざまな災害の速報や予報をプッシュ通知してくれるアプリ。自宅や会社、実家などの住所を登録しておこう。「震度3以上」「20mm/h以上」といった通知条件も設定できる。

APP

防災速報
作者／Yahoo Japan Corp.
価格／無料

下部メニューの「設定」で地域を3件まで設定できる。また自宅の情報と地域の設定を連携させることで、災害時はあらかじめ設定しておいた「防災タイムライン」に基づき、ユーザーに合わせたタイミングで防災行動を通知してくれる

受信できる予報、速報、警報は、地震や津波、豪雨、土砂災害、火山、熱中症など15種類。個別に通知をオフにしたり、通知条件を設定することもできる

204

天気

現在地や指定の場所の
天気をスムーズにチェック

必要な情報を
確認しやすい
定番アプリ

現在地や設定地点の17日間の天気予報、最高／最低気温、降水確率などを1画面で確認できる実用性の高い天気予報アプリ。1時間ごとの気温や降水確率も最大72時間までチェックできる。複数の地域を登録でき、ゲリラ豪雨回避に必須の雨雲ズームレーダーや、ウィジェット、天気予報の通知など、役立つ機能を多数搭載した決定版アプリだ。

APP

Yahoo!天気
作者／Yahoo Japan Corp.
価格／無料

1 天気表示画面は
とても見やすい

複数の地点を登録している場合は、上部のタブをタップするか、画面内を左右にスワイプして表示を切り替えできる。地点の追加は、画面下部の「メニュー」→「地点を追加する」をタップして行う

現在地や登録地点の天気予報、最高／最低気温、降水確率などを、数日分まとめて確認できる。下部メニューの「全国」で全国の天気が表示される。

2 雨雲ズームレーダー
を利用する

しっかりチェックすればゲリラ豪雨を回避したり、傘が必要かどうか判断できる。下部のボタンで「風レーダー」や「雷レーダー」に表示を切り替えることもできる

下部の「雨雲」をタップすると、雨雲の動きをリアルタイムに確認できる雨雲レーダーが表示される。左下の再生ボタンをタップして、今後の動向をシミュレーション可能。

3 通知パネルで
天気を確認する

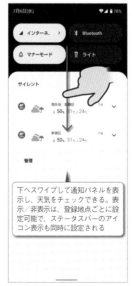

下へスワイプして通知パネルを表示し、天気をチェックできる。表示／非表示は、登録地点ごとに設定可能で、ステータスバーのアイコン表示も同時に設定される

下部の「メニュー」→「アプリの設定」→「クイックツール設定」でチェックボックスにチェックを入れると、ステータスバーおよび通知パネルの天気表示を利用できる。

205

交通情報

マスト！
柔軟な条件を迷わず設定できる
最高の乗換案内アプリ

乗換案内、時刻表 運行情報などを サクッと確認できる

日時や経由駅の指定など、検索条件を柔軟に設定でき、検索結果も早さや料金など優先項目を選んで並べ換えできる、使い勝手抜群の定番乗換検索アプリが「Yahoo! 乗換案内」。検索結果の「1本前」や「1本後」の情報や発着ホーム、通過する全駅はもちろん、徒歩ルートの地図も表示でき、移動に関するすべてを完全サポートしてくれる。

APP

Yahoo!乗換案内
作者／Yahoo Japan Corp.
価格／無料

1 出発駅、到着駅 経由駅を設定する

「検索」ボタン上のメニューでさまざまな条件設定を行える。また、「日時設定」で出発／到着の日時を設定できる

起動すると「乗換案内」画面になるので、出発駅と到着駅を入力して検索しよう。一度入力した駅名は履歴に残るので再入力も簡単。経由駅の指定や出発駅と到着駅の入れ替えも簡単だ。

2 検索結果が 表示される

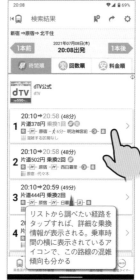

リストから調べたい経路をタップすれば、詳細な乗換情報が表示される。乗車時間の横に表示されているアイコンで、この路線の混雑傾向も分かる

検索結果が一覧表示される。時間順、回数順（乗換回数）、料金順のタブで検索結果を並べ替えることができる。また、「1本前」「1本後」の電車もすぐに確認可能だ。

3 検索結果から ルートを表示

このボタンをタップしてルートを保存。乗換案内トップ画面の「ルートメモ」から呼び出せる。また、上部の共有ボタンをタップすれば、LINEやメールで乗り換え情報を送信できる

検索結果一覧からひとつを選んでタップすると、詳細なルートが表示される。駅間の「○駅」をタップすると、通過駅もすべて確認できる。

206

交通情報

マスト！
Yahoo!乗換案内の スクショ機能を 活用する

乗換案内アプリの検索結果を友だちに伝えたい時は、スクリーンショットで撮影して、画像で送っている人も多いだろう。しかしルートの内容が長いと1画面に収まりきらず、複数のスクリーンショットを送る手間がかかってしまう。そこでおすすめなのが、

No205で紹介した定番の乗換案内アプリ「Yahoo! 乗換案内」だ。このアプリなら、標準で「スクショ」機能を備えており、画面に収まりきらないルートも、1枚の画像として保存して、相手に送ることができる。意外と気付きにくい機能なので、ぜひ覚えておこう。

「Yahoo! 乗換案内」で検索し、友だちに伝えたいルートを表示させたら、上部にある「スクショ」ボタンをタップしよう

このように、表示しているルート内容が1枚の画像として保存される。LINEでそのまま共有することも可能だ

207

交通情報

混雑や遅延を避けて 乗換検索する

特に首都圏の電車では、事故や点検によって遅れが発生したり、イベント開催で大混雑するといった事態が日常茶飯事だが、できればうまく避けて別の路線やバスで迂回したいところ。そんな時にも、No205で紹介した「Yahoo! 乗換案内」アプリが活躍する。路線

の運行情報をいち早くチェックできるだけでなく、遅延や運休時に迂回路をすばやく再検索することができる。また、路線が混雑するかどうかが分かる「異常混雑予報」という機能も搭載しており、混みそうな路線をあらかじめ避けて検索することが可能だ。

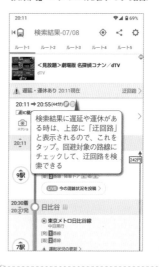

検索結果に遅延や運休がある時は、上部に「迂回路」と表示されるので、これをタップ。回避対象の路線にチェックして、迂回路を検索できる

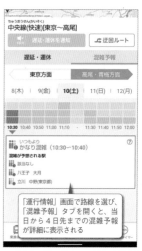

「運行情報」画面で路線を選び、「混雑予報」タブを開くと、当日から4日先までの混雑予報が詳細に表示される

208
交通情報

いつも乗る路線の発車カウントダウンを表示

No205で紹介した「Yahoo!乗換案内」は、自宅と会社の最寄駅を設定しておけば、次の電車の発車までの時間をカウントダウン表示してくれる「通勤タイマー」機能も備えている。「急げば間に合いそう」「もう間に合わないから次の電車にしよう」といった判断を素早く行えるので、ぜひ活用しよう。カウントダウンを開始すると、上部に発車のタイミングや列車の種別がカラーボタンで表示され、下部で次の発車時刻までの残り時間がカウントされる。行きと帰りもワンタップで切り替え可能だ。

下部メニューの「通勤タイマー」画面を開いたら、「追加」ボタンをタップして、自宅や通勤・通学先の最寄駅を追加しておこう。それぞれ最大6件まで追加できる。駅の登録が済んだら、下部の「カウントダウン開始」ボタンをタップ

通勤タイマーはウィジェットも用意されている。いつも乗る電車の発車までの時間を素早く正確に確認可能だ。また、自宅と通勤・通学先の最寄り駅を追加しておけば、ウィジェットの左上のボタンで「行き」と「帰り」をワンタップで切り替えられる

209
電子マネー

SuicaなどICカードの残高や利用履歴を表示

SuicaやPASMO、楽天EdyなどのICカードをスマートフォンのNFC機能で読み取り、利用履歴や残高を確認できるアプリ。おサイフケータイを使わない、ICカード派のユーザー必携だ。NFCをオンにして、本体背面にカードをかざすだけでOKだ。

APP

Suica Reader
作者／yanzm
価格／無料

「設定」の「接続済みのデバイス」→「接続の設定」などにある「NFC／おサイフケータイ」でスイッチをオンにしてNFCを有効にし、ICカードを本体背面にかざす。自動的にスキャンされ、利用履歴や残高が表示される

表示された利用履歴、残高などのデータは、画面右上の「保存」をタップして、「履歴」に保存できる。設定を開き、「読み取り時に自動で履歴に追加」をオンにすることもできる

210
翻訳

マスト！ 自然な表現がすごい最新翻訳アプリ

DeepL翻訳なら微妙なニュアンスも正確に訳してくれる

30以上の言語に対応し、驚くほど自然な文章に翻訳できると話題のサービスが「DeepL翻訳」だ。他の機械翻訳では、微妙なニュアンスの言い回しを翻訳すると、直訳になったり堅苦しい文章になりがちだが、DeepL翻訳は正しい意味を読み取り、ネイティブの文章に近い自然な訳文に仕上げてくれる。カメラで撮影した文字の翻訳も可能だ。

APP

DeepL翻訳
作者／DeepL SE
価格／無料

1 上段にテキストを入力して翻訳

翻訳精度が非常に高く、自然な文章で読むことができる。一度に翻訳できる上限は5,000文字まで

基本的な使い方は、他の翻訳アプリと同じ。上段のテキスト入力エリアに翻訳元のテキストを入力したりペーストすると、下段に翻訳結果が表示される。

2 翻訳結果を保存する

タップ

↓

下部メニューの「保存済み」画面に保存される

あとでテキストを再利用したい時は、下段の翻訳結果欄にある保存ボタンをタップしておこう。保存した訳文は、下部メニューの「保存済み」画面で確認できる。

3 カメラで撮影した文章を翻訳する

上段のテキスト入力エリアにあるカメラボタンをタップすると、カメラで撮影したテキストを翻訳することもできる。翻訳したい箇所をスワイプして選択するか「すべて翻訳」ボタンをタップしよう

211
翻訳

スマホの通訳モードで外国人と会話する

外国人と会話する際は、別途翻訳アプリを用意しなくても標準で用意されている Google アシスタント（No014で解説）の「通訳モード」を使えば、48言語でリアルタイム通訳ができるので覚えておこう。「OK Google」に続けて「英語の通訳をして」や「ス

ペイン語からフランス語に通訳して」と話しかけると、Google アシスタントの通訳モードが起動し、自分の音声と相手の音声を自動で判断して相互に翻訳してくれる。いちいち言語を切り替える必要がないので、ストレスのないスムーズな会話が可能だ。

「OK Google、英語の通訳をして」と話しかけて、Google アシスタントの通訳モードを起動したら、相手に日本語で話しかけてみよう。リアルタイムで英語に翻訳される

そのまま相手が返答すると、言語が自動で判断されて英語から日本語に翻訳され、スムーズに会話を続けることができる

212
グルメ

食べログのランキングを無料でチェックする

定番のグルメサイト「食べログ」では、エリアとジャンルを設定してランキングを表示することが可能だ。評価の高い順にお店をチェックできる便利な機能だが、アプリ版では5位までしか表示されず、完全版を見るには月額400円（税込）のプレミアムサー

ビスに登録する必要がある。ところが、Web のデスクトップ版で表示すると、このランキングを無料ですべて見ることができるのだ。Chrome で食べログにアクセスし、オプションメニューから「PC版サイト」を選択して完全版のランキングをチェックしよう。

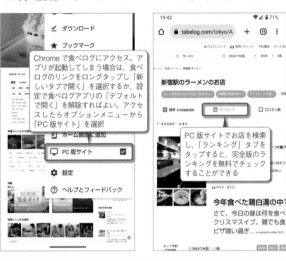

Chrome で食べログにアクセス。アプリが起動してしまう場合は、食べログのリンクをロングタップし「新しいタブで開く」を選択するか、設定で食べログアプリの「デフォルトで開く」を解除すればよい。アクセスしたらオプションメニューから「PC版サイト」を選択

PC版サイトでお店を検索し、「ランキング」タブをタップすると、完全版のランキングを無料でチェックすることができる

213
電子書籍

電子書籍の重要な文章を保存する

Kindleのハイライト機能を使いこなそう

Amazon の電子書籍を読める「Kindle」アプリなら、あとで読み返したい文章に蛍光ラインを引いて、簡単にハイライトしておける。ハイライトした箇所はまとめて表示できるほか、4色のカラーで色分けして、それぞれのカラーで絞り込み表示したり、より重要な文章にはスターを付けることも可能だ。

APP
Kindle
作者／Amazon Mobile LLC
価格／無料

1 文章をロングタップしてカラーを選ぶ

ロングタップでハイライトしたい文章を選択すると、ポップアップメニューが表示されるので、塗りたい色を4色から選んでタップしよう。

2 マイノートを開いてハイライトを確認

ハイライトした文章をまとめて確認したいときは、画面内を一度タップしてメニューを表示させ、上部のマイノートボタンをタップしよう。

3 カラーやスターで絞り込みも可能

ハイライトした文章がまとめて表示される。右上のフィルターボタンをタップすれば、ハイライトの色や星付きなどの条件で、絞り込み表示することも可能だ。

214
銀行

スマホだけで
コンビニのATMから
出金する

財布を持たずにスマートフォンだけ手にして外出したときに限って現金が必要になった……といった場合でも、PayPay銀行を使っていれば、セブン銀行やローソン銀行のATMでスマートフォンを使って出金できる。ただし事前にアプリの設定が必要だ。

PayPay銀行
作者／PayPay銀行
価格／無料

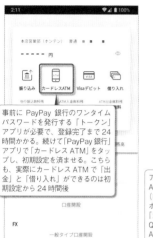

事前にPayPay銀行のワンタイムパスワードを発行する「トークン」アプリが必要で、登録完了まで24時間かかる。続けて「PayPay銀行」アプリで「カードレスATM」をタップし、初期設定を済ませる。こちらも、実際にカードレスATMで「出金」と「借り入れ」ができるのは初期設定から24時間後

アプリで出金するには、セブン銀行ATMの「スマートフォンでの取引」（ローソン銀行ATMでは「スマホ取引」）ボタンを押し、PayPay銀行アプリで「カードレスATM」→「出金」をタップ。QRコードを読み取って企業番号をATMで入力したら、あとは暗証番号と出金する金額をATMで入力すればよい

215
クレジットカード

クレジットカードの
利用通知を設定する

クレジットカードの不正利用が不安という人におすすめなのが、利用通知サービスの設定だ。三井住友カードなど一部のクレジットカードは即時通知に対応しており、アプリで設定を済ませておけば、カードの利用と同時に決済の通知が届くようになる。

**三井住友カード
Vpassアプリ**
作者／三井住友カード株式会社
価格／無料

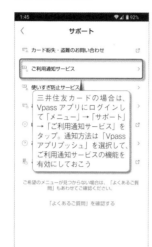

三井住友カードの場合は、Vpassアプリにログインして「メニュー」→「サポート」→「ご利用通知サービス」をタップ。通知方法は「Vpassアプリプッシュ」を選択して、ご利用通知サービスの機能を有効にしておこう

カードの利用時にリアルタイムで通知が届くので、万一不正利用された際もすぐに気づくことができる。なお、クレジットカードの中には即時通知に対応していないものも多い。例えば楽天カードでは利用通知の設定は可能だが、最短でも2日後のメール通知のみとなっている

216
宅配便

送り状不要でスマホから
宅配便を発送する

ヤマト運輸の
公式アプリで
荷物を発送

宅配便で荷物を送りたい時は、あらかじめ送り状などを用意しなくても、クロネコヤマトの公式アプリを使って、スマートフォンから簡単に荷物を送ったり集荷を申し込みできる。冷蔵や冷凍の荷物を発送することも可能だ。また、再配達依頼や荷物の問い合わせも行えるほか、ユーザー登録を済ませておけば「My荷物」画面で配達履歴をまとめて管理できる。

クロネコヤマト公式アプリ
作者／YAMATO TRANSPORT CO.,LTD.
価格／無料

1 宅配便をスマホ
で送るをタップ

アプリを起動したら、「宅急便をスマホで送る」をタップしよう。Chromeで専用ページが開くのでログインを済ませる。

2 必要な情報を
入力して発送

届け先の設定画面で「LINEでリクエストする」をタップすると、お互いに住所や氏名を知らせずに匿名で荷物を発送できる

あとは荷物の内容や届け先、発送場所、支払い方法を入力していき、表示された2次元コードを、荷物を発送する直営店やコンビニで見せればよい。

3 集荷を依頼して
荷物を発送する

荷物を自宅で集荷して欲しい場合は、「集荷申し込み」をタップ。住所や荷物の内容、集荷の希望日時などを入力して申し込めばよい

生
活
お
役
立
ち
技

217

定規

スマホの画面を定規として利用する

スマートフォンの画面がそのまま定規になるアプリ。単位を cm と inch で切り替えできるほか、左端を固定して右にドラッグした長さを計測するモードや、両端を動かして中央部の長さを計測するモード、縦横2辺の長さを計測できるモードが用意されている。

APP
定規
作者／NixGame
価格／無料

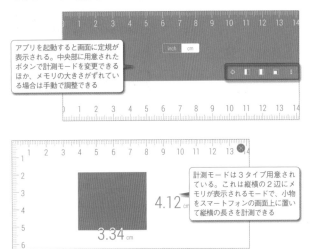

> アプリを起動すると画面に定規が表示される。中央部に用意されたボタンで計測モードを変更できるほか、メモリの大きさがずれている場合は手動で調整できる

> 計測モードは3タイプ用意されている。これは縦横の2辺にメモリが表示されるモードで、小物をスマートフォンの画面上に置いて縦横の長さを計測できる

4.12 cm

3.34 cm

218

買い物

Amazonでベストな商品を見つける方法

Amazon で低品質な商品や対応の悪い業者を避けるには、発送元と販売元がともに Amazon の商品を選ぶのが確実だ。従来は「Amazon ショッピング」アプリで簡単に絞り込みできたが、原稿執筆時点では販売元の絞り込み機能が消えている。そこで、Web ブラウザで Amazon にアクセスして商品を検索し、検索結果の末尾に「&emi=AN1VRQENFRJN5」(「&rh=p_6%3AAN1VRQENFRJN5」でもよい)というパラメータを追加してみよう。検索結果を発送元と販売者が Amazon の商品のみに絞り込める。

> Web ブラウザで Amazon を開いて欲しい商品を検索し、URL に「&emi=AN1VRQENFRJN5」(「&rh=p_6%3AAN1VRQENFRJN5」でもよい)を追加して開く

> 検索結果はすべて発送元と販売元が Amazon の商品のみとなる。なお、この方法だと販売元がメーカー直販や正規代理店の商品も除外してしまう。特定のメーカーの製品を探すなら、パラメータを使わずに検索結果をメーカーやブランドで絞り込むとよい

219

アラーム

マスト!

イヤホンだけに鳴らすことができるアラームアプリ

「新幹線で乗り過ごさないか心配」「図書館から出発する時間を知らせて欲しい」といった時に便利なのが、イヤホンだけにサウンドを鳴らしてくれるアラームアプリ。繰り返しやスヌーズ、マナーモード時の挙動なども細かく設定できる便利なアプリだ。

APP
スマートアラーム 無料版
作者／TanyuSoft
価格／無料

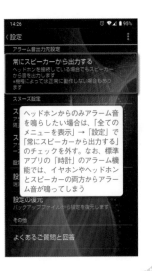

> 「+アラームの追加」をタップして時刻を設定。続けてアラーム音やスヌーズなどを設定し、「完了」をタップする

> ヘッドホンからのみアラーム音を鳴らしたい場合は、「全てのメニューを表示」→「設定」で「常にスピーカーから出力する」のチェックを外す。なお、標準アプリの「時計」のアラーム機能では、イヤホンやヘッドホンとスピーカーの両方からアラーム音が鳴ってしまう

220

マニュアル

家電の説明書をまとめて管理する

家電のマニュアル管理は全部「トリセツ」アプリにまかせてしまおう。型番を入力したりバーコードを読み取るだけで、家電、住宅設備、DIY、ホビー、アウトドア用品など幅広いジャンルの製品情報を登録でき、それぞれの取扱説明書を表示できる。

APP
トリセツ
作者／TRYGLE Co.,Ltd.
価格／無料

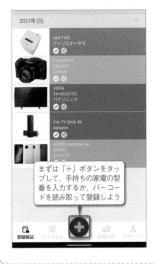

> まずは「+」ボタンをタップして、手持ちの家電の型番を入力するか、バーコードを読み取って登録しよう

> 登録した製品名をタップして「取扱説明書」をタップすると、その製品の取扱説明書をアプリ内で表示できる

トラブル
解決と
メンテナンス

スマートフォンで起こりがちなさまざまなトラブルは、
対処法さえ覚えておけばそれほど怖くない。転ばぬ
先のメンテナンス法と合わせて、よくあるトラブルの
解決法をまとめて掲載。しっかり把握しておこう。

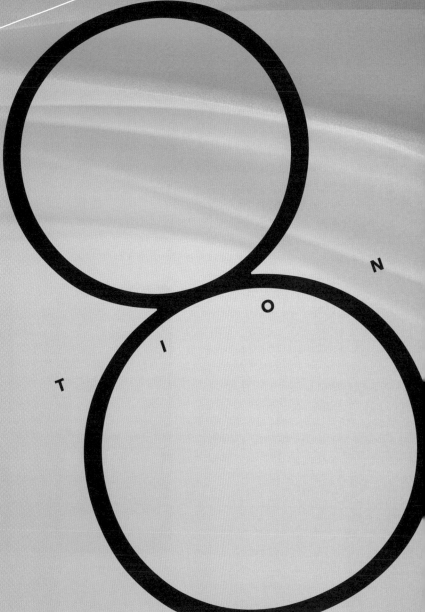

S E C T I O N

221

フリーズ

スマートフォンがフリーズしてしまった場合の対処法

マスト!

不調なアプリを終了するか、本体を再起動しよう

スマートフォンを操作していると、まれに画面をタップしても何も反応しない「フリーズ」状態になることがある。ホームボタンやナビゲーションバーの操作などでホーム画面に戻ることができるなら、アプリ単体の問題だ。最近使用したアプリの履歴を表示して、不調なアプリを終了させるか、または一度削除して再インストールしよう。削除できないアプリは、設定から強制終了や無効化が可能だ。

ホーム画面に戻れないなら、端末全体の問題。この場合は、一度本体を再起動するのが基本だ。機種によって手順は異なるが、電源キー、または電源キーと音量キーの上下どちらかを、数秒間押し続けると、強制的に電源を切ることができる。強制終了したら、再度電源キーを数秒間押して、電源を入れ直そう。再起動後も調子が悪いなら、電源キーと音量を上げるキーを同時に押して（機種によっては電源キーのみを長押しで）表示される「電源を切る」か「再起動」をロングタップするか、または、一度電源を切って、再起動中にメーカーのロゴが表示されたら音量を下げるキーを押し続けよう。画面の左下に「セーフモード」と表示され、工場出荷時に近い状態で起動する。この状態で、最近インストールしたものなど、不安定動作の要因になっていそうなアプリを削除しよう。

それでもまだ調子が悪いなら、No239の手順で端末の初期化を試してみよう。

アプリのフリーズを解消する

1 起動中のアプリを完全終了する

ホームボタンを押したり、画面下端から上にスワイプしてホーム画面に戻れるなら、アプリ単体の問題。最近使用したアプリの一覧から、フリーズしたアプリや上や左右にスワイプして完全終了させよう。

2 アプリを再インストールする

再起動してもアプリの調子が悪いなら、一度アプリをアンインストールしてから、再インストールしてみよう。これで直る場合も多い。

3 アプリを強制終了／無効化する

削除できないアプリの調子が悪い場合は、「設定」→「アプリ」→「○○個のアプリをすべて表示」から該当アプリを選び、「強制停止」や「無効にする」をタップ。

本体のフリーズを解消する

1 強制的に電源を切って再起動

本体自体の調子が悪い場合は、電源キーか、または電源キーと音量キーの上下どちらかを、数秒間押し続けると、電源を強制的に切ることができる。

2 セーフモードで起動する

再起動後も調子が悪いならセーフモードで起動しよう。電源オン時は「電源を切る」メニューを表示させてロングタップ。電源オフ時は起動中に音量を下げるキーを押し続ける。

3 セーフモード上でアプリを削除

セーフモードで起動したら、最近インストールしたアプリなどを削除してみよう。ホーム画面で削除できない場合は、「設定」→「アプリ」→「○○個のアプリをすべて表示」で行う。

スマートフォンの紛失・盗難に備えて「デバイスを探す」機能を設定する

マスト!

所在地の確認やデータの初期化を遠隔で実行

スマートフォンの紛失や盗難に備えて、「デバイスを探す」機能を設定しておこう。Googleアカウントで同期している端末の現在位置を表示できるだけではなく、個人情報の塊であるスマートフォンを悪用されないよう、遠隔操作でさまざまな対処を施すことが可能だ。

ただし、これらの機能を利用するには事前の設定が必要だ。右の手順を参考にあらかじめ設定を済ませておこう。万一紛失した際には、他のスマートフォンなどで「デバイスを探す」アプリを利用することで、紛失した端末の現在地を地図上で確認できるようになる。また、音を鳴らして位置を掴んだり、画面ロックを設定していない端末に新しくパスワードを設定することもできる。さらに、個人情報の漏洩阻止を最優先するなら、遠隔操作ですべてのデータを消去してリセットすることも可能だ。アプリで探す以外に、パソコンなどのWebブラウザで「デバイスを探す」（https://android.com/find）にアクセスしても、同様の操作を行える。なお、これらの機能を利用するには、紛失した端末がネットに接続されており、位置情報を発信できる状態であることが必要だ。

APP
デバイスを探す
作者／Google LLC
価格／無料

事前の設定と紛失時の遠隔操作

1 「デバイスを探す」と位置情報をオンに

「設定」→「Google」→「デバイスを探す」で「デバイスを探す」を使用」をオン

「設定」→「位置情報」で「位置情報を使用」をオン

スマートフォンを紛失したときに「デバイスを探す」機能が使えるように、「デバイスを探す」と「位置情報」がオンになっているか、それぞれ設定を確認しておこう。

2 バックアップコードをメモしておく

「設定」→「Google」→「Googleアカウントの管理」で「セキュリティ」タブを開き、「2段階認証プロセス」をタップ。「バックアップコード」をタップし、8桁のコードをメモしておく

2段階認証を設定していて、認証できる端末が1つしか無い時は、その端末を紛失した時点で他の端末からログインできなくなる。あらかじめ「バックアップコード」を取得しておこう。

3 「デバイスを探す」で紛失した端末を探す

友達のスマートフォンを借りる場合は、「ゲストとしてログイン」でログイン。紛失した端末以外で2段階認証できない時は、「別の方法を試す」→「8桁のバックアップコード〜」をタップし、メモしておいたバックアップコードを入力すればよい

万一端末を紛失してしまったら、他のスマートフォンやタブレットで「デバイスを探す」アプリを起動しよう。紛失した端末の現在地を地図で確認できる。

4 端末から音を鳴らして位置を掴む

マナーモードでも音は鳴るようになっている

表示された地点で探してもスマートフォンを発見できない場合は、「音を鳴らす」をタップ。最大音量で5分間音を鳴らして、スマートフォンの位置を確認できる。

5 端末を遠隔操作でロックする

拾ってくれた人へのメッセージや電話番号を入力できる

「デバイスを保護」をタップすると、他人に使われないようにロックし、画面上に電話番号やメッセージを表示できる。画面ロックが未設定の場合はパスワード設定も可能。

6 データを消去し端末をリセットする

タップすると初期化される

端末がどうしても見つからず、個人情報を消しておきたいなら、「デバイスデータを消去」で初期化できる。ただし、もう「デバイスを探す」で操作できなくなるので操作は慎重に。

223
セキュリティ

ロック解除の方法を忘れてしまった場合の対処法

「デバイスを探す」機能で一度端末を初期化するしかない

Androidスマートフォンは、「デバイスを探す」（No222で解説）の「デバイスを保護」を実行することで、遠隔操作で画面ロックを設定できるが、これは画面ロックが未設定の場合のみ。すでに自分で画面ロックを設定している場合は、この機能を使って別のパスワードで上書きできない。ロック解除方法を忘れてしまった場合は、「デバイスを探す」の「デバイスデータを消去」を実行して、一度端末を初期化し、Googleアカウントのバックアップなどから復元しよう。画面ロックがリセットされる。

1 「デバイスを探す」でデバイスを選択

「デバイスを探す」アプリなどで、ロック解除できなくなった端末を選択。設定済みのパスワードは遠隔で変更できないので、「デバイスデータを消去」をタップしよう。

2 遠隔操作で端末を初期化する

「デバイスデータを消去」をタップし、本人確認を済ませると、遠隔操作で端末を初期化できる。解除できなくなった画面ロックも自動的にリセットされる。

3 再起動後は初期設定からやり直す

再起動後は初期設定からやり直すことになる。連絡先などはGoogleアカウントで復元できるが、端末内の写真や音楽などのデータは消えてしまう。

224
バッテリバッテリー

マスト!

どこでも充電できるモバイルバッテリーを持ち歩こう

省エネ設定などで電池をもたせる工夫はできるが、それでも電池切れはスマホの最大の敵。そこで、スマートフォンとケーブルで接続して充電できるモバイルバッテリーを持ち歩こう。最近のスマートフォンは大容量バッテリーを備えた機種が多いので、モバイルバッテリーも重量とのバランスを見つつ、大容量のものを選びたい。10,000mAh前後あれば、スマートフォンを2回ほどフル充電できる。また出力ポートがUSB-Cなら、USB PD（Power Delivery）対応の製品がおすすめ。USB PD対応ケーブルで接続すれば、フルスピードの高速充電が可能になる。

Anker
Power Bank
(10000mAh, 30W)
実勢価格／5,990円
サイズ／約99×52×26mm
重量／約220g

容量10,000mAhで、最大30W出力（複数ポート利用時は最大24W）のPD対応USB-Cポートを2つと、最大22.5W出力のUSB-Aポートをひとつ備えるモバイルバッテリー。ディスプレイで残量がひと目で分かるほか、イヤフォンやスマートウォッチを適切な電流で充電する低電流モードも搭載。

225
充電

ワイヤレス充電器を利用しよう

いくつかの機種は、ワイヤレス充電の国際規格Qiに対応しており、同じくQi対応のワイヤレス充電器で充電できる。スマートフォンを置くだけで充電が開始されるので、ケーブルを抜き差しする必要がなく快適だ。ここで紹介する製品は縦置きのスタンド型だが、横向きに置いて動画を見ながら充電することもできる。また、ほとんどのスマホケースは装着したままで充電可能だ。厚さが5mm以上あったり、金属製や磁気を帯びたケースは、充電前に取り外そう。iPhoneにも対応しているので、家族がiPhoneユーザーでも共用できる。

Anker
PowerWave II Stand
実勢価格／4,390円
サイズ／約90×90×115mm
重量／約172g

15W／10W／7.5W／5Wのうち機種によって最適な出力で急速充電できる、スタンドタイプのワイヤレス充電器。専用のACアダプタが付属する。充電用コイルを2つ内蔵しているので、縦置きでも横置きでも充電が可能だ。

226

バックアップ

マスト！ 撮影した写真や動画を パソコンにバックアップする

パソコンとUSB ケーブルで接続 してコピーしよう

スマートフォンで撮影した写真や動画は、「フォト」アプリでクラウドにバックアップできるが（No093で解説）、容量に限りがある。パソコンを持っているなら、端末内の写真や動画はパソコンにバックアップしておこう。スマートフォンとパソコンをUSBケーブルで接続すれば、パソコンからスマートフォンのストレージにアクセスして写真や動画を取り出せる。なお、SDカードを使える機種なら、カメラの保存先をSDカードに変更しておき（No099で解説）、容量がいっぱいになったらSDカードを交換してもいい。

1 スマホとパソコンを USB接続する

「USB-A & USB-C」や「USB-C & USB-C」ケーブルを使い、スマートフォンとパソコンを接続しよう。USBの設定画面が表示される場合は「ファイル転送」にチェックする。

2 認識されたスマホ にアクセスする

接続したデバイス名をダブルクリックして開き、続けて「内部共有ストレージ」をダブルクリックして開く

パソコンのエクスプローラーで「PC」を開くと、「デバイスとドライブ」欄に接続中のデバイスが認識されているはずだ。これをダブルクリックし、「内部共有ストレージ」を開く。

3 ドラッグ&ドロップ でパソコンにコピー

「DCIM」フォルダで写真や動画を選択し、パソコンにドラッグ&ドロップしてコピー。なお、アプリで保存した画像やスクリーンショットは「Picture」に、アプリで保存した動画は「Movies」に保存される場合が多い。Chromeでダウンロードした画像や動画は「Download」フォルダに保存される

内部ストレージで「DCIM」フォルダを開くと、スマホで撮影した写真や動画を確認できる。パソコンに適当なフォルダを作成し、バックアップしたい写真や動画をドラッグ&ドロップでコピーしよう。

227

セキュリティ

マスト！ ユーザーIDの 使い回しに 気をつけよう

さまざまなWebサービスやアプリでユーザー登録する際、パスワードは慎重に使い分けていてもユーザーIDはどれも同じ、という人は多いだろう。しかし実は、サービスや企業から流出しない限り公開されることのないパスワードよりも、ネット上で公開されることの多いユーザーIDを使い回している方が、危険性は高いと言える。いつも使っているユーザーIDで検索してみるといい。自分のツイートやFacebookのプロフィール、オークションの落札結果、掲示板での書き込み履歴などがヒットし、複数のSNSやWebサービスのアカウントと容易に結び付いてしまうのだ。特に、仕事用とプライベート用のアカウントは、異なるユーザーIDで登録して、しっかり使い分けておくことをおすすめする。

「設定」→「パスワードとアカウント」では、ログイン中のサービスやアプリが一覧表示される。それぞれで同じユーザーIDを使い回しているようなら危険だ。パスワードと同じように、なるべく違うユーザーIDを使い分けよう

228

文字入力

学習された 変換候補を個別に 削除する

文字入力の変換候補は、よく使う単語を素早く入力できるので非常に便利な機能だ。しかし、タイプミスの間違った単語やプライバシーに関わる単語が登録され候補として表示されるとかえって迷惑だ。そんな時は、必要のない変換候補の単語をロングタップしてみよう。候補を個別に削除できる場合がある。個別に削除できないキーボードでも、「設定」→「システム」→「言語と入力」→「画面キーボード」でキーボードを選択すれば、「詳細設定」や「辞書」画面で学習履歴をすべて削除できる。

一部のキーボードアプリでは、消したい変換候補をロングタップし、削除ボタンをタップしたり、ゴミ箱にドラッグすることで、学習履歴から個別に削除できる

自分向けにカスタマイズ

お客様のGboardの使用パターンと修正に基づいて入力と音声入力を改善します。音声入力や入力内容の録音および文字起こしはこのデバイスに保存されます。学習した単語やデータを削除することで、いつでも削除できます。

詳細

全ユーザー対象に改善

このデバイスでのGboardの使用パターンが、全ユーザーを対象とする単語やフレー

個別に削除できない場合は、「設定」→「システム」→「言語と入力」→「画面キーボード」でキーボードを選択し、「プライバシー」や「辞書」などの項目をタップ。学習辞書をリセットできる設定が用意されている。ただし、すべての学習履歴が消去されるので要注意

詳細

学習した単語やデータの削除

タイプ入力操作や音声入力操作の改善を目的にGboardで保存されたデバイスのデータをすべて消去する

音声

229 アプリ マスト！
気付かないで払っている定期購入を解除

カード会社の明細に記された数百円の謎の支払い。よくよく調べてみたら、いつだか試したアプリに毎月課金され続けていた…ということはありがちだ。単に解約し忘れていることもあるが、無料を装って課金に誘導する悪質なアプリもある。アプリ内課金や定額サービスの加入状況を一度しっかりチェックしておこう。Play ストアアプリのメニューから「定期購入」をタップすると、契約中の定期購入アプリやサービスを確認できる。タップして「定期購入を解約」をタップすれば、すぐに解約することが可能だ。

Play ストアアプリでユーザーボタンをタップし、メニューから「お支払いと定期購入」→「定期購入」をタップすると、契約中の定期購入アプリやサービスを確認できる

解約したい場合は、アプリを選択して、一番下の「定期購入を解約」をタップしよう。無料期間中や支払い済みの期間が残っている場合は、期限が切れるまで有料機能を使い続けることができる

230 紛失対策
紛失に備えてロック画面に自分の連絡先を表示する

スマートフォンを紛失した際に、「デバイスを探す」で端末の現在地を確認する方法を No222 で解説したが、これは端末がネット接続されていないと位置情報を取得できないので、タイミングによっては見つけにくい。そこで、拾得者の善意に期待して、ロック画面に自分の連絡先を表示させておこう。設定の「ディスプレイ」などに、「ロック画面にテキストを追加」や「ロック画面に署名を表示」といった項目がある。もちろん、ロック画面は誰でも確認できるので、見られて問題のない連絡先にしておくこと。

AQUOS sense6 の場合は、「設定」→「ディスプレイ」→「ロック画面」→「ロック画面にテキストを追加」をタップ。自分の連絡先などを入力しておく

ロック画面に、「ロック画面にテキストを追加」で入力したテキストが表示される。誰でも見ることができるので、表示する連絡先には注意しよう

231 アカウント マスト！
Googleアカウントのパスワードを変更する

Google アカウントは、Play ストア、Gmail、連絡先などの個人情報に紐付けられる重要なアカウントだ。アカウントを不正利用されないよう、パスワードはしっかり考えて設定したい。簡単に推測される恐れのある文字列を設定している場合は、すぐにでも変更をおすすめしたい。変更するには、「設定」→「Google」→「Googleアカウントの管理」の「セキュリティ」タブで、「パスワード」をタップする。続けて現在の Google アカウントのパスワードを入力してログインし、新しいパスワードを入力しよう。

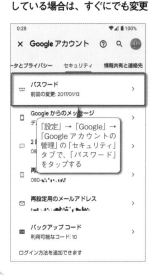

「設定」→「Google」→「Google アカウントの管理」の「セキュリティ」タブで、「パスワード」をタップする

現在のパスワードを再入力すると、新しいパスワードの入力画面になる。8文字以上の新しいパスワードを設定し、「パスワードを変更」をタップしよう

232 アカウント
Googleアカウントを削除する

Googleアカウントは、複数作成することもできるし削除することも簡単だ。ここで言う削除とは、端末からアカウントを削除するのではなく、アカウントそのものを消去することで、関連づけられたサービスなども全て使えなくなるので注意が必要だ。「設定」→「Google」→「Googleアカウントの管理」の「データとプライバシー」タブで、「Googleアカウントの削除」をタップすると、アカウントの削除を実行できる。削除しても、2〜3週間以内ならアカウントサポートから復元可能だ。

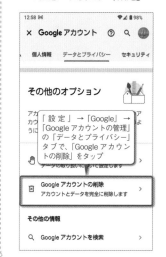

「設定」→「Google」→「Google アカウントの管理」の「データとプライバシー」タブで、「Google アカウントの削除」をタップ

削除前に注意事項をよく読み、2箇所にチェックして「アカウントを削除」をタップしよう。Google アカウントとデータを完全に削除できる

233

マスト!
登録したクレジットカード情報を変更、削除する

Playストアアプリからカードの追加や編集が可能

クレジットカードの更新があったり、別のカードに切り替える場合は、Playストアでのアプリ購入時に利用するカード情報も更新しなければならない。まず「Playストア」アプリを起動し、メニューを開いて「お支払いと定期購入」→「お支払い方法」をタップ。新しいカードは、「お支払い方法の追加」から追加できる。登録済みのカード内容を編集するなら、「お支払いに関するその他の設定」をタップして Google Pay にログイン。登録済みカードの「編集」をタップし、カード情報を更新すればよい。

1 Playストアで「お支払い方法」をタップ

Play ストアアプリを起動したら、ユーザーボタンをタップし、メニューから「お支払いと定期購入」→「お支払い方法」をタップする。

2 「支払いに関するその他の設定」をタップ

新しいカードやコードは、「お支払い方法の追加」から追加。登録済みのカード内容を編集するなら、「お支払いに関するその他の設定」をタップしよう。

3 クレジットカードの編集や削除を行う

「編集」で有効期限などを変更、「削除」でカード情報を削除する

Google Pay のメニューで「お支払い方法」をタップすると、登録済みのカードやキャリア決済情報が表示される。

234

間違えて購入したアプリを払い戻しする

Playストアで購入した有料アプリは、購入して2時間以内であれば、アプリの購入画面に表示されている「払い戻し」ボタンをタップするだけで、簡単に購入をキャンセルして返金処理を行える。2時間のうちに、アプリの動作に問題がないかひと通りテストして

おこう。ただし、払い戻しはひとつのアプリにつき一度しかできないので要注意。また、購入して2時間経過したアプリやアプリ内で課金したアイテム、映画・書籍など他のコンテンツを購入した場合は、No235の手順で払い戻し処理を行う必要がある。

買ってから2時間は「払い戻し」ボタンが有効。2時間の間に動作確認だけはしておこう。払い戻ししたアプリは、もちろんアンインストールされる

返金処理が完了すると Gmail で通知される

235

購入後2時間経過後もアプリを払い戻しする方法

有料アプリの購入から2時間が経過して「払い戻し」ボタンが消えても、48時間以内なら払い戻しが可能だ。Playストアアプリで右上のアカウントボタンをタップし、「ヘルプとフィードバック」をタップ。「Google Play の払い戻しをリクエストする」を探

してタップすると、払い戻しをリクエストできる。購入して48時間以内のアプリ内課金や、未視聴の映画やテレビ、再生できない音楽、読み込めない書籍なども返金処理できる。48時間を超えたアプリは、アプリ開発者に問い合わせる必要がある。

Play ストアアプリで右上のアカウントボタンをタップし、「ヘルプとフィードバック」→「Google Play の払い戻しをリクエストする」をタップ。見つからない場合は「払い戻し」などをキーワードに検索しよう

払い戻しリクエストの手順画面になる。画面の指示に従って「次に進む」をタップしていき、購入したアプリなどを選択すれば、払い戻しをリクエストできる

236
セキュリティ

マスト！ 2段階認証でGoogleアカウントの セキュリティを強化する

通常のパスワードに加えもう1段階別の認証で保護

Googleアカウントの不正アクセスや乗っ取りを防ぐには、定期的にパスワードを変更するといった対策よりも、「2段階認証プロセス」を設定しておくほうが効果的だ。Googleのサービスにログインする際に、通常のパスワード入力に加えて、もう1段階別の認証が求められるようになる。標準では、登録済みのスマートフォンやタブレットに届くログイン通知で「はい」をタップして認証するか、または、登録した電話番号宛てにテキストメッセージや音声で送られる確認コードの入力で認証する。

1 設定で2段階認証 プロセスをタップ

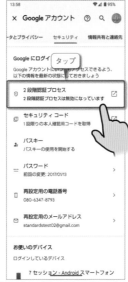

「設定」→「Google」→「Googleアカウントの管理」の「セキュリティ」タブで、「2段階認証プロセス」をタップし、「使ってみる」をタップ。

2 2段階認証を 有効にする

2段階目の認証で、ログイン通知を表示する手持ちのスマートフォンやタブレットを登録しておこう。また、通知が届かない時の対策として、SMSや音声で確認コードを受信できるように、電話番号も登録しておく。

3 2段階認証で ログインする

他のデバイスでGoogleサービスにログインしようとすると、同じGoogleアカウントを使っているスマートフォンやタブレットに、ログイン通知が表示される。「はい、私です」をタップすれば、認証されてログインが可能になる。

237
セキュリティ

マスト！ Googleアカウントの 不正利用をチェック

Googleアカウントに不正なアクセスがないかは、「設定」→「Google」→「Googleアカウントの管理」の「セキュリティ」タブで、「すべてのデバイスを管理」をタップすれば確認できる。過去28日間にアカウントで有効になった端末や現在ログインしている端末が一覧表示されるので、見覚えのない端末がないか確認しよう。不審な端末があればタップして選択し、「ログアウト」ボタンをタップすれば、以降その端末からのアクセスを停止できる。あわせて、パスワードの変更も済ませておこう。

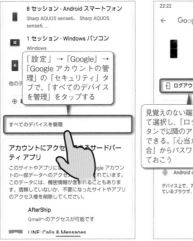

「設定」→「Google」→「Googleアカウントの管理」の「セキュリティ」タブで、「すべてのデバイスを管理」をタップする

すべてのデバイスを管理

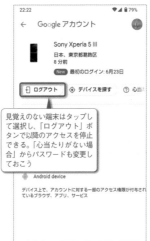

見覚えのない端末はタップして選択し、「ログアウト」ボタンで以降のアクセスを停止できる。「心当たりがない場合」からパスワードも変更しておこう

238
アップデート

マスト！ Androidを アップデートする

スマートフォンの基本ソフト「Android OS」は、アップデートによってさまざまな新機能が追加されたり、不具合が修正される。OSのアップデートがあると通知が表示されるので、通知を確認したら、できるだけ早くアップデートを済ませておこう。「設定」→「システム」→「システムアップデート」→「アップデートをチェック」をタップして、アップデートの有無を手動でチェックすることも可能だ。なお、アップデートファイルのサイズはかなり大きくなるので、なるべくWi-Fi接続環境で実行しよう。

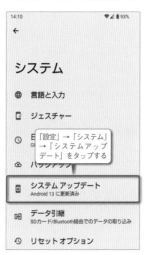

「設定」→「システム」→「システムアップデート」をタップする

タップしてアップデートの有無を確認できる。アップデートファイルがあれば、「ダウンロードとインストール」をタップし、指示に従って更新を進めよう。なるべくWi-Fi接続環境で実行し、バッテリー残量にも注意すること

トラブルが解決できない時の スマートフォン初期化方法

マスト！

動作が不安定になったら端末を初期化してスッキリさせよう

頻繁に電源が落ちるようになったり、極端に動作が重くなってきたら、端末がなんらかの支障をきたしている可能性がある。この場合の最も効果的な解決方法が、端末の初期化だ。初期化しても、Gmail や連絡帳、Google カレンダーなど、Google の標準アプリのデータは常に最新のデータがバックアップされている。また「Google One バックアップ」がオンになっていれば、バックアップに対応するアプリのデータや、通話履歴、設定、SMS や MMS メッセージが自動バックアップされる。カメラで撮影した写真や動画は、フォトアプリでバックアップできる（No093 で解説）。これらは、初期設定時に同じ Google アカウントでログインして、バックアップデータを選択するだけで復元することが可能だ。

ただし、Google One バックアップだけではすべてのデータをバックアップできず、Google アカウントの容量にも限りがある。写真や動画、音楽、文書などのデータは、パソコンと USB 接続してコピーしておくのが確実だ（No226 で解説）。また「JS バックアップ」などのバックアップアプリを使えば、バックアップするデータを個別に選択したり、バックアップ先として他のクラウドサービスや SD カードを選択できる。

APP
JSバックアップ
作者／JOHOSPACE
価格／無料

端末の初期化を行おう

1 Google One バックアップを作成する

スイッチをオンにしていると、デバイスがスリープ中で、充電されており、Wi-Fi 接続中に自動でバックアップされる。無料でバックアップできる容量は 15GB まで

タップすると今すぐバックアップを作成する

「設定」→「システム」→「バックアップ」で「今すぐバックアップ」を実行しておこう。バックアップに対応するアプリのデータや、通話履歴、設定、SMS や MMS メッセージなどがバックアップされる。

2 写真や動画はパソコンにコピー

スマートフォンとパソコンを USB 接続し、エクスプローラーでスマートフォンにアクセス。スマートフォンの内部共有ストレージから、写真や動画、音楽、文書が入ったフォルダをパソコンにコピーしておこう

フォトアプリのバックアップを有効にしていると、カメラで撮影した写真や動画はクラウド上に自動で保存されるので、Google アカウントでログインするだけで復元できる。ただ、撮影枚数が多すぎると Google アカウントの空き容量が足りなくなり、新しい写真や動画を保存できないだけでなく、デバイスのバックアップも作成できなくなってしまう。また、デフォルトだとアプリでダウンロードした画像や動画、スクリーンショットはバックアップされず、音楽や文書ファイルなども Google One バックアップの対象外だ。これらは、パソコンと USB 接続してコピーするか、保存先を SD カードに変更しておくのがおすすめだ。

3 バックアップアプリを利用する

「JS バックアップ」などのバックアップアプリを使えば、バックアップするデータを個別に選択したり、バックアップの保存先として他のクラウドサービスや SD カードを選択できる。

4 バックアップとリセットを選択

タップ

データのバックアップが完了したら初期化を実行しよう。「設定」→「システム」→「リセットオプション」をタップする。

5 初期化の作業を進める

タップ

「全データを消去」をタップし、下までスクロールしてさらに「すべてのデータを消去」を 2 回タップすれば、初期化が開始される。

6 バックアップから復元する

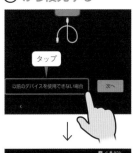

タップ

バックアップデータを選択して復元

初期化後は初期設定が必要。「アプリとデータのコピー」画面で「次へ」をタップし、「以前のデバイスを使用できない場合」をタップして Google アカウントでログインしよう。設定を進めていくと、Google アカウントのバックアップデータが一覧表示されるので、最新のバックアップを選択して復元すればよい。

トラブル解決とメンテナンス

掲載アプリINDEX

気になるアプリ名から記事掲載ページを検索しよう。

Android スマートフォン 便利すぎる! テクニック 2023-2024

Staff

Editor　清水義博(standards)

Writer　西川希典

Designer　高橋コウイチ(wf)

DTP　越智健夫

2023年8月31日発行

編集人　清水義博

発行人　佐藤孔建

発行・発売所　スタンダーズ株式会社
〒160-0008
東京都新宿区四谷三栄町12-4
竹田ビル3F
TEL 03-6380-6132

印刷所　株式会社シナノ

本書の記事内容に関するお電話でのご質問は一切受け付けておりません。編集部へのご質問は、書名および何ページのどの記事に関する内容かを詳しくお書き添えの上、下記アドレスまでメールでお問い合わせください。内容によってはお答えできないものやお返事に時間がかかってしまう場合もあります。

info@standards.co.jp

ご注文FAX番号　03-6380-6136

https://www.standards.co.jp/